U0174142

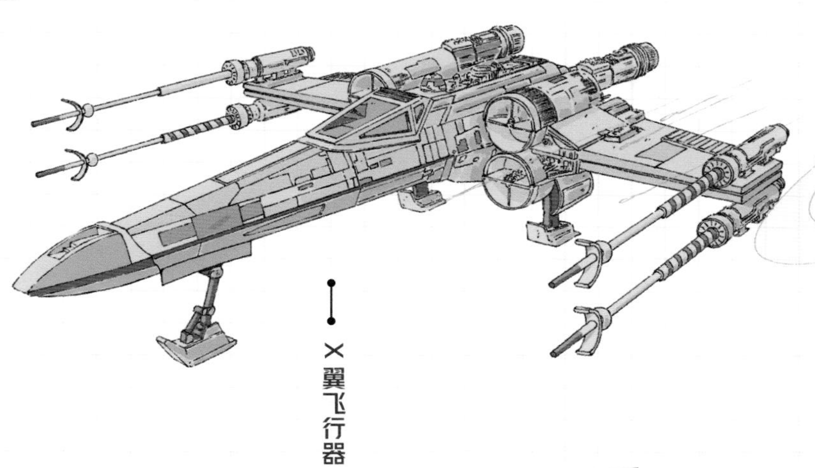

X翼飞行器

好奇号火星车

新科技，向前冲！

航空航天

太空飞行仅仅是梦想吗？

太空飞行仅仅是梦想吗？

未来已来

秒懂科技前沿 · 点燃好奇心 · 未来已来

梁熠/编著
九山DADA/绘

天问一号

航天飞机

火星车

電子工業出版社
Publishing House of Electronics Industry
北京·BEIJING

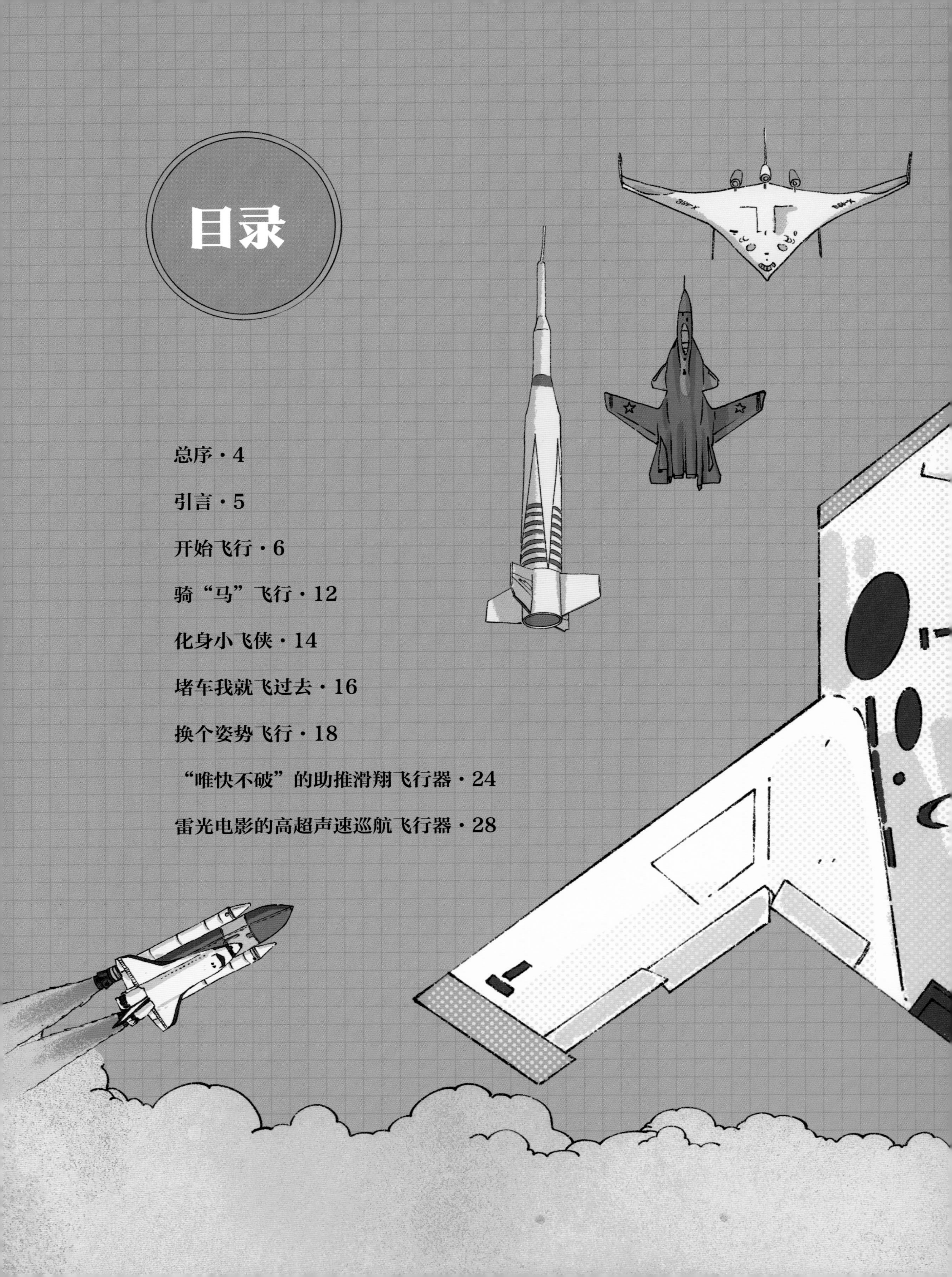

目录

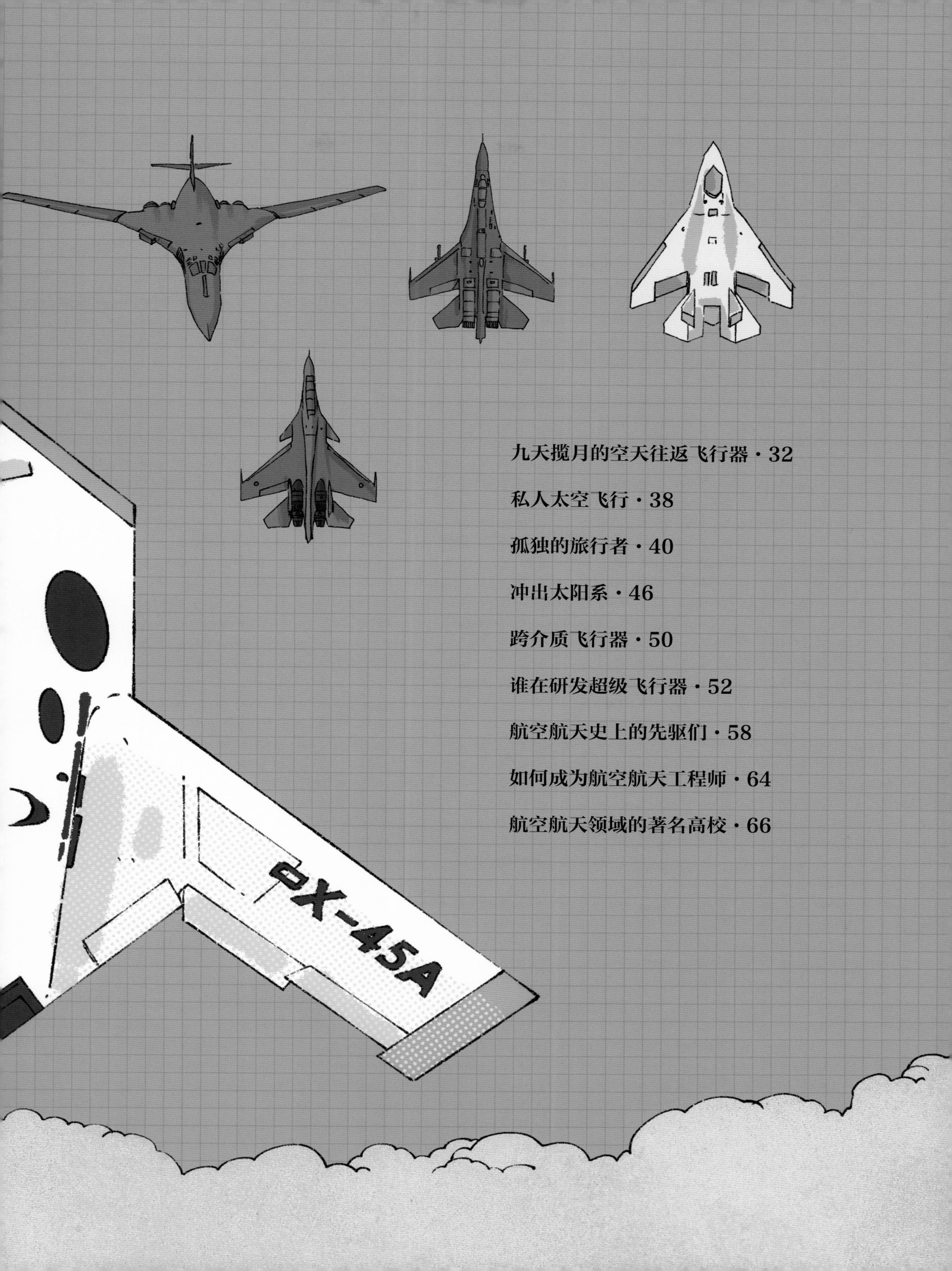
DX-45A

总序

1978 年，作家叶永烈发表了科幻小说《小灵通漫游未来》，书中描绘了一个新奇、有趣的“未来市”：不用轮子的喷气汽车、移植在人身上的人造器官、长在同一棵树上的不同水果、会和人下棋的机器人，还有人造鸡蛋、方形的西瓜……

40 多年后的今天，当我们再回头看这些当年的幻想，发现很多早已变成现实生活中的寻常之物了。莱特兄弟第一次飞行只飞了 36.5 米，如今每个人都可以买机票然后飞遍全球；手机最初的样子像砖头一样笨重，现在小巧玲珑的智能手机随处可见。人类已在科技飞速发展中走过了 21 世纪的前 20 余年，真是时光如白驹过隙，科技日新月异！所有的现在都是过去的未来，所有的未来都会成为明日之现在。

我们感受到的科技变化可能更多来自生活中好玩的事物。如问“飞机为什么能飞起来？”，我们会上网搜寻答案。诚然这样很快，但网上的答案解释清楚了吗？能否折一个纸飞机，在观察手抛纸飞机后的飞行过程的同时，再讲述飞机如何获得动力飞行？枯燥的知识说教不如从“好玩”开始，再深入探索。许多科学家认为他们所从事的领域非常好玩，科学探索发现的过程对他们来说就是“玩”。

这套《新科技，向前冲！》的编写目的之一便是通过介绍好玩、新奇的科学发现、技术发明，以浅显易懂的方式介绍其中的科学原理，让读者了解到最新的科学技术进展和未来发展趋势。通过这些“新科技”提升自身的科学水平和科学素质，这与个人成长和未来发展密切相关。

通过了解科学方法、科学思想，在头脑中埋下科学精神的种子，使读者提升探索未来的动力及学习科技知识的信心。那样，你们就会与未来更近，有能力适应不断变化的世界，提升个人竞争力，从而在未来创造更美好的生活。

当然，科学没有终极真理，认识发现没有穷尽。每一项好玩、新奇的科技或许在将来会被放弃或证伪。但本书所展现的这些奇思妙想或许能够启发读者新的想象和创造。正是这种求实精神和怀疑精神，可以让你们不但能跟得上快速发展的时代潮流，更可以站在时间的前沿，引领未来发展的潮头。

时间总会证明一切。

《新科技，向前冲！》只是阶梯，真正的未来究竟有多好玩呢？借用科幻作家儒勒·凡尔纳的话——“你只有探索才能知道答案。”

引言

未来好像很遥远，但又如此迫近。在我们的生活中已经出现了很多以前只出现在科幻故事中的“科技”：会陪你聊天、打游戏的虚拟人，吐槽你驾驶技术的语音导航，自动行驶的汽车，隔墙可以看清车牌的“透视眼”，可以把猫换成狗的“换脸”算法，凭空走出来的画中人，可以用“意念”控制的汽车和机械假肢，会踢足球的机器狗，“死而复生”的猪……

未来已来，让我们现在出发，踩着科技的台阶，迈向时间的彼方，一步步进入到奇妙、好玩的未来世界……

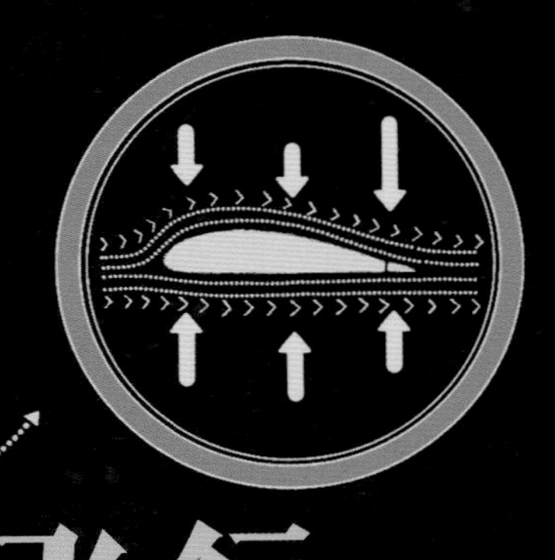

开始飞行

能飞还有争议？

在 21 世纪的今天，距离莱特兄弟的飞机升空已有 100 多年，航空航天技术已上升到前所未有的高度。人们乘坐飞机、热气球、航天飞机、宇宙飞船飞行早已不是什么新鲜事，甚至还把飞行器发射到了太阳系之外。

人类是怎么飞起来的？或许你已经知道热气球是利用空气浮力、飞机是利用空气动力学的升力飞起来的，甚至你知道著名的伯努利定理：空气流经机翼弯曲的上表面的速度比流经平坦的下表面的速度快，导致机翼上表面的气压比下表面的低，以此产生升力。

什么是飞行器与飞行高度

电影中孙悟空能腾云驾雾，哪吒脚踩风火轮，雷神有神锤，超人什么都不用就能飞，但现实世界既没有神仙，也没有超人。人类想在天空飞翔，必须依靠飞行器。通常，我们把离开地球表面在大气层内外飞行的器械称为飞行器，如飞机、热气球、火箭、航天飞机、卫星等。而想要进行超级飞行，你要先知道常规飞行是怎么实现的。

首先，要知道在哪飞。按飞行高度，即离开地球表面距离，由近及远分别是航空空间、临近空间、近地空间、远地空间、行星际空间、恒星际空间、恒星系空间和星系空间等。

航空空间是从地球表面至 20 千米高度的地方，即以飞机为代表的常规或传统航空器可以飞行的高度区域。

临近空间，又称近空间、亚轨道，指距地球表面 20 ~ 100 千米高度的空间范围。

近地空间是距地球表面 100 ~ 35800 千米的地球静止轨道的空间范围。

远地空间是距地球表面 35800 ~ 930000 千米的空间范围。

行星际空间是太阳风所及边缘，约距离地球表 150 亿 ~ 240 亿千米。

恒星际空间、恒星系空间和星系空间则是太阳系以外的空间，目前仍是我们观察仰望的地方。

从近地空间下沿开始至无穷远，统称为太空。

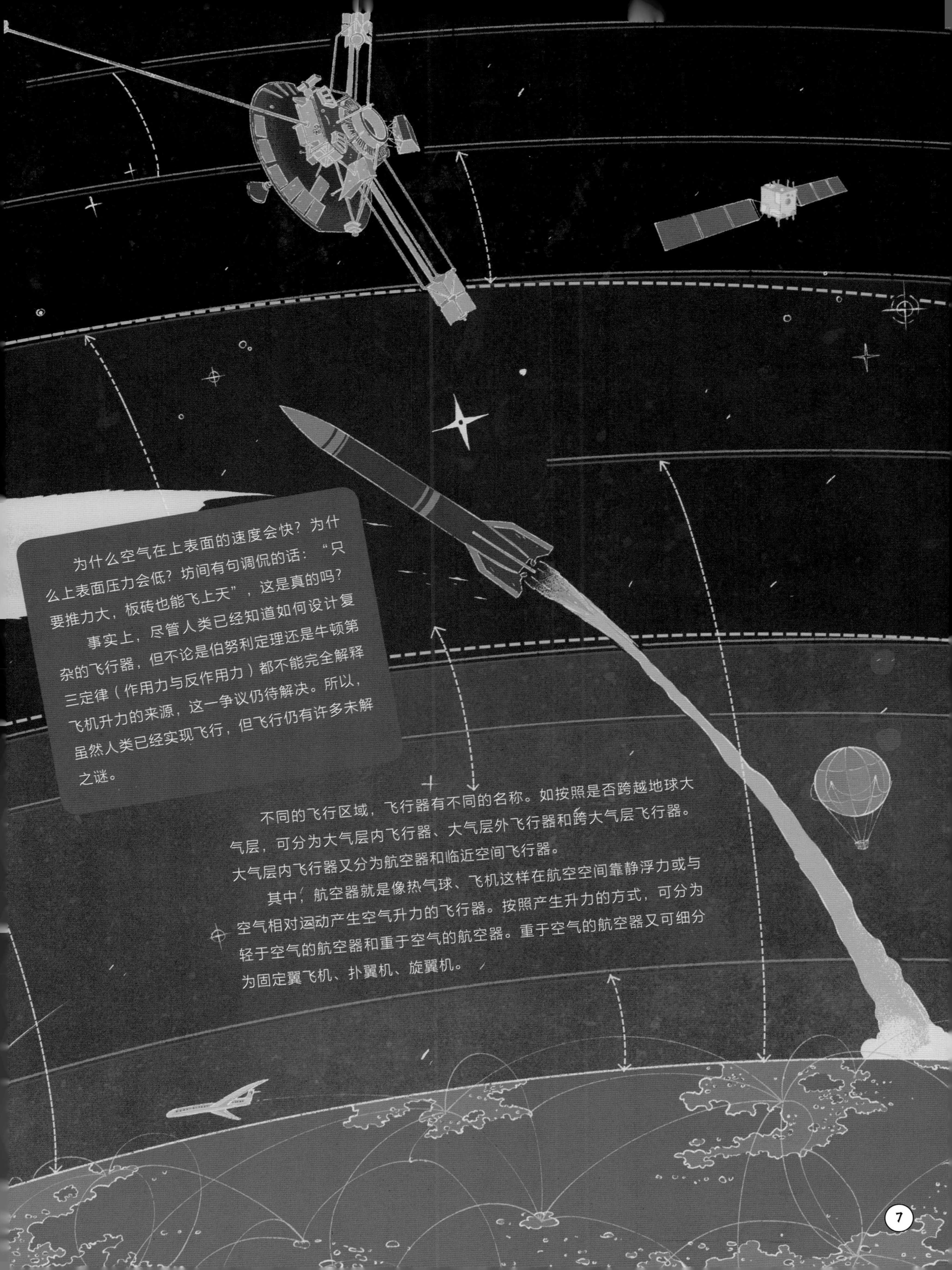

为什么空气在上表面的速度会快？为什么上表面压力会低？坊间有句调侃的话：“只要推力大，板砖也能飞上天”，这是真的吗？

事实上，尽管人类已经知道如何设计复杂的飞行器，但不论是伯努利定理还是牛顿第三定律（作用力与反作用力）都不能完全解释飞机升力的来源，这一争议仍待解决。所以，虽然人类已经实现飞行，但飞行仍有许多未解之谜。

不同的飞行区域，飞行器有不同的名称。如按照是否跨越地球大气层，可分为大气层内飞行器、大气层外飞行器和跨大气层飞行器。大气层内飞行器又分为航空器和临近空间飞行器。

其中，航空器就是像热气球、飞机这样在航空空间靠静浮力或与空气相对运动产生空气升力的飞行器。按照产生升力的方式，可分为轻于空气的航空器和重于空气的航空器。重于空气的航空器又可细分为固定翼飞机、扑翼机、旋翼机。

临近空间飞行器，是指可在临近空间作持久或远程飞行并执行特定任务的大气飞行器。它遵循空气动力学原理，其中又有一部分飞行高度较高的飞行器遵循轨道动力学原理。按照飞行速度，它们可分为低动态临近空间飞行器和高动态临近空间飞行器。

大气层外飞行器可统称为航天器，它是在地球大气层以外的太空基本按照天体力学规律运行的各类飞行器，包括绕地球飞行的轨道飞行器和飞离地球的飞行器。

跨大气层飞行器按照是否载人可分为航天运载器（如一次性火箭、可重复使用火箭等）、航天运输器（如宇宙飞船、航天飞机、亚轨道飞行器等）等。此外，弹道导弹也是一种跨空域飞行器。

飞行速度

在描述一个飞行器的飞行速度时，常拿速度和声音的传播速度（约340米/秒）相比，得出的数值为“马赫数”，因奥地利物理学家马赫得名。早期研发的飞机，当飞行速度接近声速时，会出现空气阻力剧增、操纵性能变差的状况，飞行速度也不能再提高。当时人们认为，声速是不可逾越的障碍，将这一速度称为“声障”。低于声速，被称为亚声速。能够突破声障飞行的速度被称为超声速，马赫数为5以上的，被称为高超声速。当飞行速度达7.9千米/秒（约马赫数23）时，就能够不落回地球表面而环绕地球做圆周飞行，这种飞离地球的速度被称为“第一宇宙速度”。而脱离地球飞向太阳系其他行星的速度（11.2千米/秒）、脱离太阳系飞向其他星系的速度（16.7千米/秒）分别被称为“第二、第三宇宙速度”。

基本飞行原理

飞行是怎么实现的？如上文所写，阻碍我们自由飞行的主要因素是地球引力和空气阻力。所以必须克服这两种力才能飞上天空，甚至遨游宇宙。

阿基米德与气囊

简单地说，浮空器遵循阿基米德定律（又叫浮力原理），即浮空器都有一个大气囊，装着比空气轻的气体，从而产生一个向上的浮力。当浮力大于浮空器所受的地球引力（自身重力），浮空器就能飞起来了。

航空器中的固定翼飞机主要遵循伯努利定理，而旋翼机、火箭或导弹主要遵循牛顿第三定律。

即旋翼机通过螺旋桨转动将空气向下或向后推动，火箭或导弹将因燃烧加速的燃料向下或向后喷射，自身则获得一个向上或向前的反作用力，当这个反作用力大于地球引力和空气阻力时航空器就飞了起来。

直升机、导弹、牛顿第三定律

航天器因为在大气层外的真空中飞行，所以不受空气阻力的影响。此时，它主要受到来自地球、太阳、月球等天体的引力，所以按天体运动规律飞行。也就是说，航天器主要遵循开普勒行星运动三大定律和牛顿万有引力定律。简单地说，当航天器达到了第一、第二、第三宇宙速度时，就会产生惯性离心力，抵消地球、太阳等天体的引力，所以能够绕地球飞行或飞离太阳系。且航天器的所有飞行都是在轨道上。轨道是椭圆、抛物线或双曲线，太阳位于轨道的一个焦点上。

牛顿第三定律

阿基米德

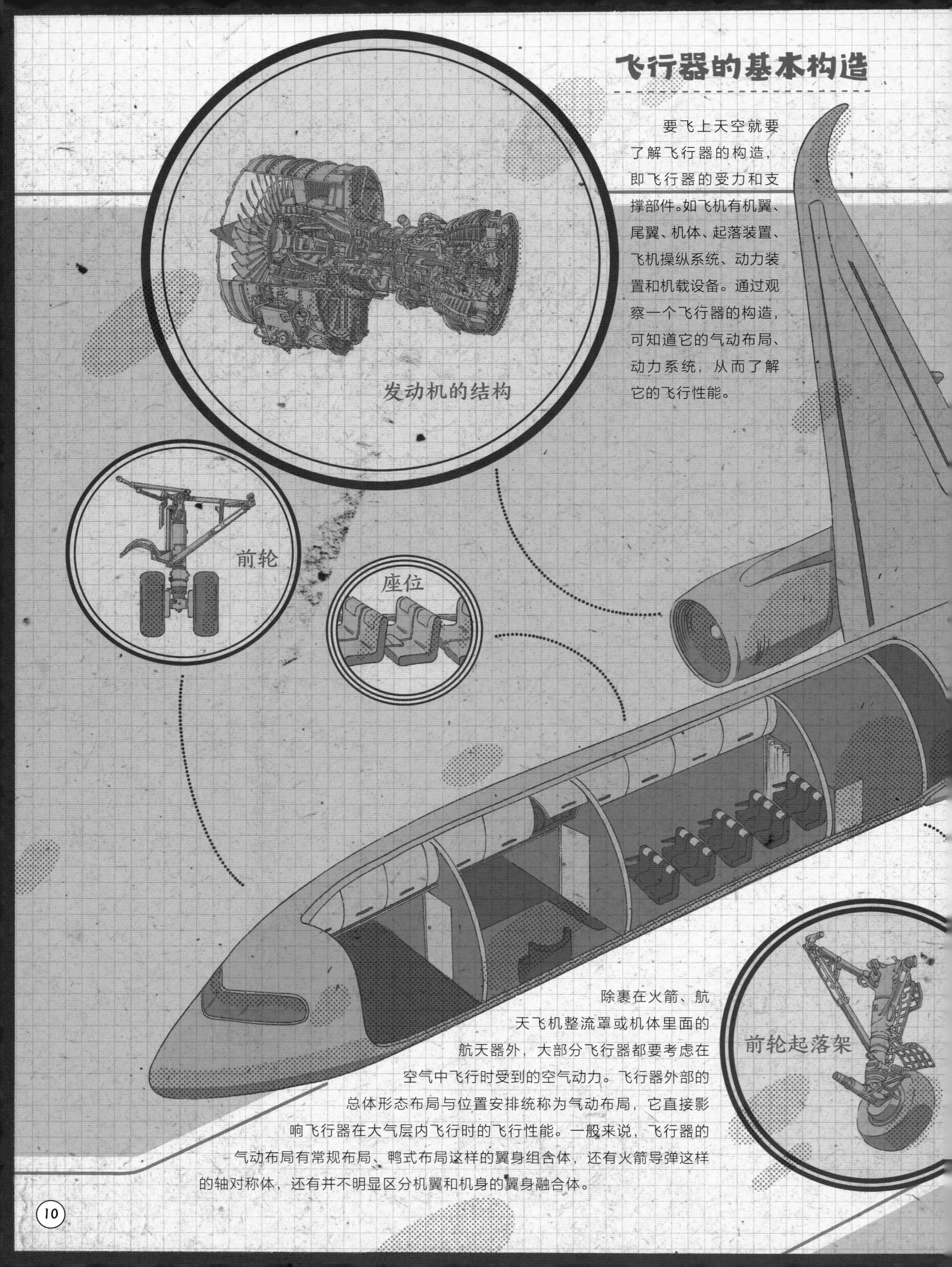

飞行器的基本构造

要飞上天空就要了解飞行器的构造，即飞行器的受力和支撑部件。如飞机有机翼、尾翼、机体、起落装置、飞机操纵系统、动力装置和机载设备。通过观察一个飞行器的构造，可知道它的气动布局、动力系统，从而了解它的飞行性能。

除裹在火箭、航天飞机整流罩或机体里面的航天器外，大部分飞行器都要考虑在空气中飞行时受到的空气动力。飞行器外部的总体形态布局与位置安排统称为气动布局，它直接影响飞行器在大气层内飞行时的飞行性能。一般来说，飞行器的气动布局有常规布局、鸭式布局这样的翼身组合体，还有火箭导弹这样的轴对称体，还有并不明显区分机翼和机身的翼身融合体。

在人类飞向天空的道路上，未知的技术障碍与难题如星辰大海，但是科学家和工程师们仍然不断通过研制和试验构型、功能各异的飞行器来验证他们的奇思妙想。

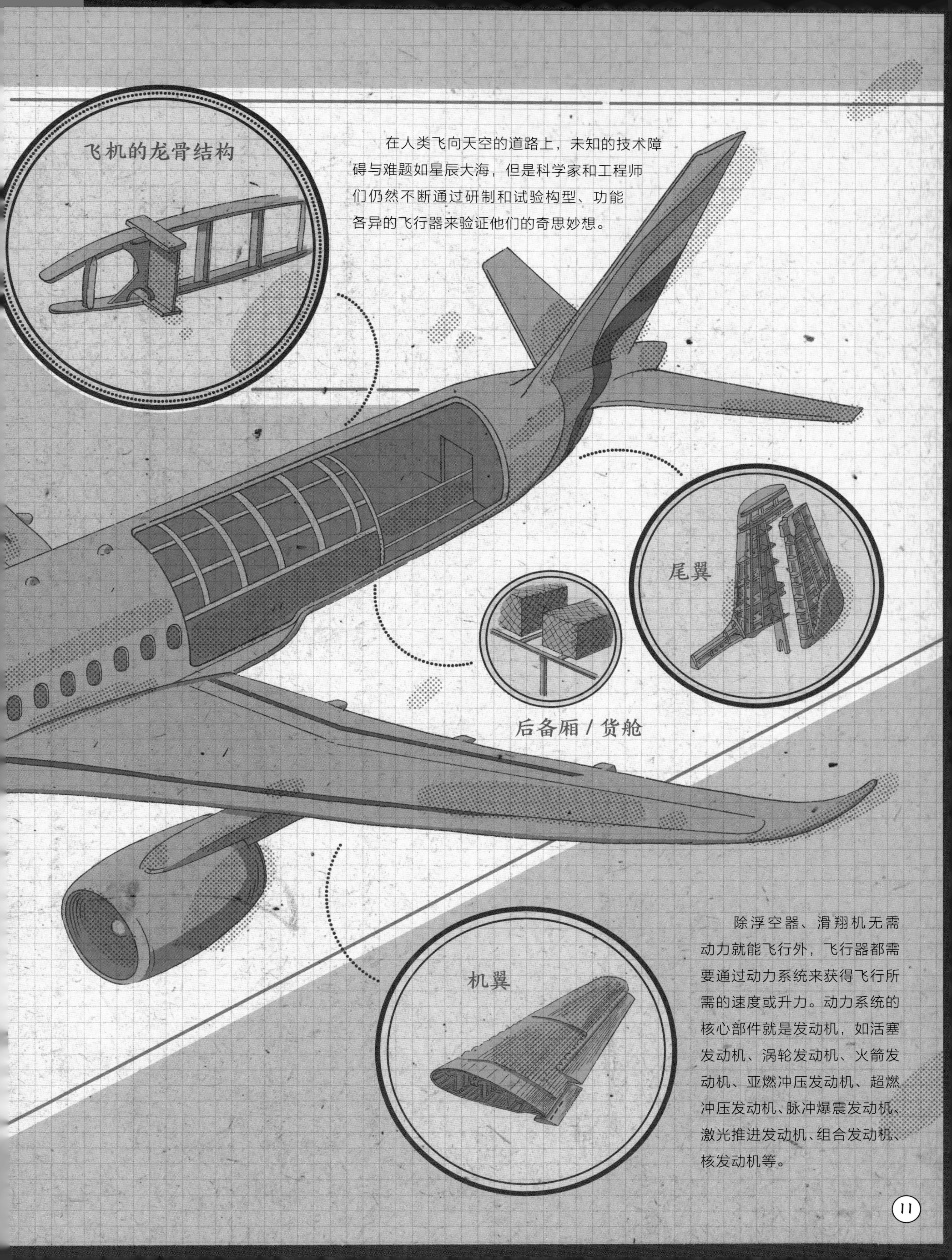

除浮空器、滑翔机无需动力就能飞行外，飞行器都需要通过动力系统来获得飞行所需的速度或升力。动力系统的核心部件就是发动机，如活塞发动机、涡轮发动机、火箭发动机、亚燃冲压发动机、超燃冲压发动机、脉冲爆震发动机、激光推进发动机、组合发动机、核发动机等。

骑“马”飞行

“飞马”的诞生

现代飞机、火箭虽可快速长距离飞行甚至进入太空，但起飞降落条件很苛刻。在交通日益拥堵的城市、地形复杂的山区等，如果能有一匹“飞马”随时起飞降落，那将多么令人神往。古人也经常会这样想象。

美军研发的单人飞行器 1

一般来说，骑乘式单人飞行器大多采用通过旋翼将空气向下推或喷射向下的流体，再获得反作用力起飞的设计。

美军研发的单人飞行器 2

飞行器原理及分类

这种“飞马”由于骑乘方式和在陆地上骑摩托很像，因此被称为“飞行摩托”。飞行摩托可分为旋翼式和涵道式两类。

旋翼式飞行摩托，外观很像放大后的无人机。本质是通过增大发动机功率提供可载人升力、增加操控性来载人飞行。通常根据提供升力的旋翼转轴分为单轴式、双轴式、四轴式、多轴式等。

在 2017 年，迪拜警察就配备了一架四轴飞行摩托。它载重 300 千克，可载人飞行 25 分钟，飞行高度约 5 米，时速约 70 千米 / 时。

在 2018 年，中国农村小伙赵德力也发明出一款四轴八旋翼的飞行摩托，载重 100 千克，时速最高 70 千米 / 时。

双轴涵道式

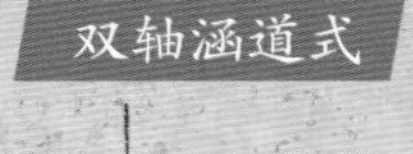

四轴涵道式

单轴双桨式

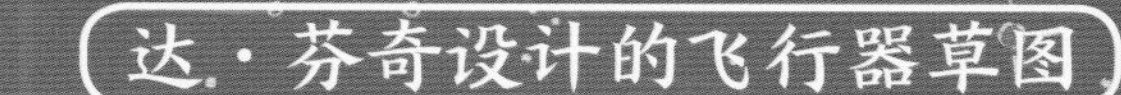

然而神兽并不存在，当科学逐渐取代蒙昧时，人们就开始设计可以骑乘飞行的装置了。达·芬奇就曾设计过单人飞行器。其设计的简易飞行装置虽然最终并未成功，但却遵循了单人飞行器的基本飞行原理，即牛顿第三定律。

此后，虽然发明了飞机并大规模应用，但为了获得成本更低、使用更便捷的飞行工具，对轻型单人飞行器的研发一直没有停止。由于骑乘式单人飞行器受体积限制相对较小，所以率先得到研发。如二战结束后美军就研发了几种单人飞行器。

世界上首个单人飞行器——美军的 De Lackner DH-4

在 2019 年，中国深圳哈威科技公司推出了 Hoverstar H1 陆空两用飞行摩托。它采用多涵道设计，既可像普通摩托车一样在陆地上行驶，一次充电可行驶 50 千米，也可空中飞行，有效载重达到 75 千克，在 5 ～ 10 米的高度飞行 10 千米。

在 2012 年，澳大利亚发明家克里斯托弗·马洛伊发明了涵道式飞行摩托 hoverbike。它能够飞 3 千米高、150 千米远，时速可达 160 千米 / 时。此后，hoverbike 不断改进并开始销售。不仅是 hoverbike，各国发明家对涵道式飞行摩托的研发一直在深入。

Speeder

赵德力和他的飞行摩托

所谓涵道，是指气体流过的通道。涵道式飞行摩托的外形看起来就是在螺旋桨叶片外加了一圈圆柱状外壳。它的优点是同样功率消耗下，比没有外壳的螺旋桨能产生更大的推力，同时噪声更低、更安全。缺点是设计、加工难度大。

此外，还有喷气式飞行摩托。在 2019 年，美国 JetPack Aviation 公司开始向外预售喷气式飞行摩托 Speeder。据称其飞行速度可达 240 千米 / 时，飞行高度约 4500 米。在一般情况下，它可连续飞行 10 ～ 22 分钟，建议驾驶者体重不超过 109 千克。

化身小飞侠

是不是觉得骑马飞行还不够便捷？能直接穿在身上的酷炫装备才算是真正的“小飞侠”，像哆啦 A 梦那样的竹蜻蜓、钢铁侠的战甲、《蜘蛛侠》中的绿魔滑板或《风之谷》里娜乌西卡的飞行翼。实际上类似竹蜻蜓、钢铁侠战甲、飞行滑板和飞行翼的飞行装置已经被发明出来了。

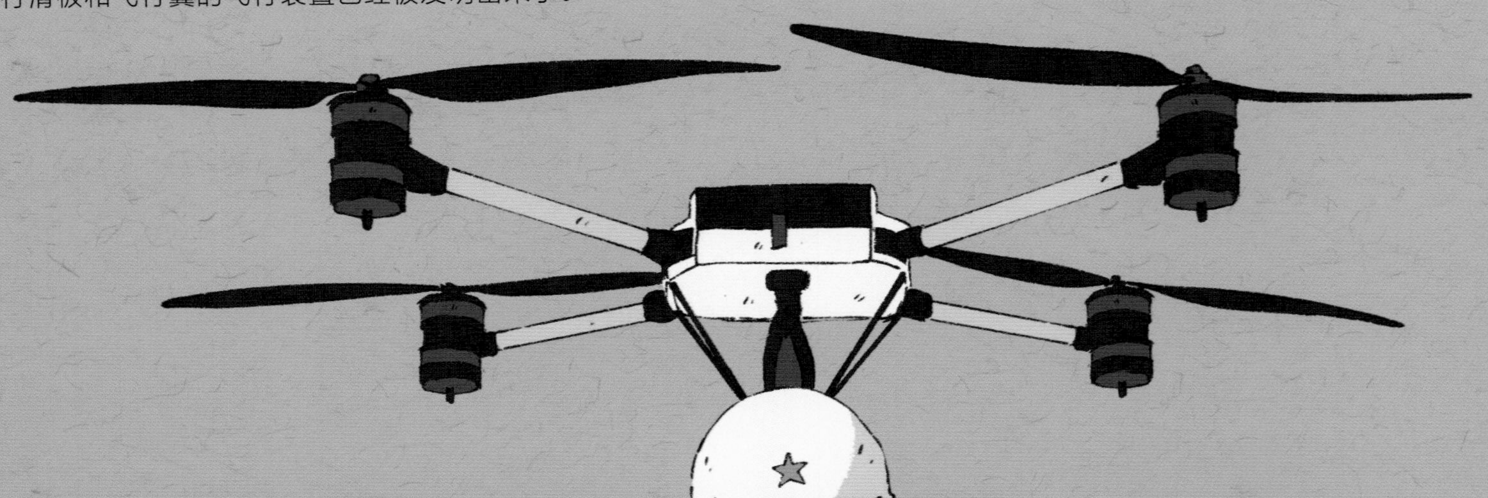

旋翼背包

类似哆啦 A 梦竹蜻蜓的装置被称为旋翼背包。其飞行原理和直升机一样，靠头顶上巨大的旋翼产生向下的力，和旋翼轴相连的背包架将人托起升空。不过由于单旋翼的旋翼背包稳定性、可靠性、安全性等相对较差，这种方案基本被放弃了。在 2019 年，中国武汉农民舒满胜发明了由锂电池驱动的四旋翼背包。

该背包空重约 35 千克，高约 1.1 米，载重为 70 千克时，可在接近 10 米的高度，以 10 千米 / 时的速度，持续飞行约 10 分钟。

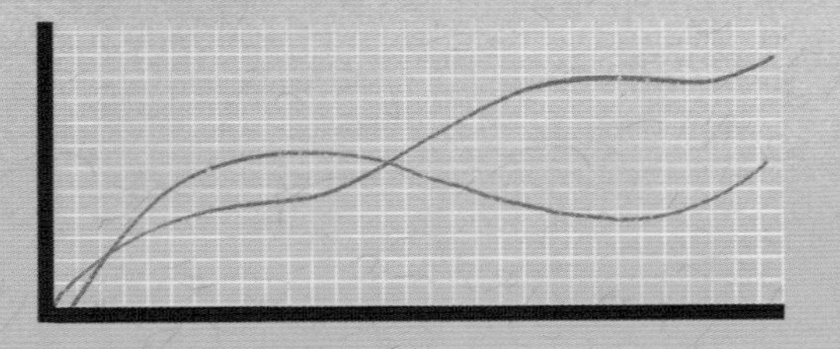

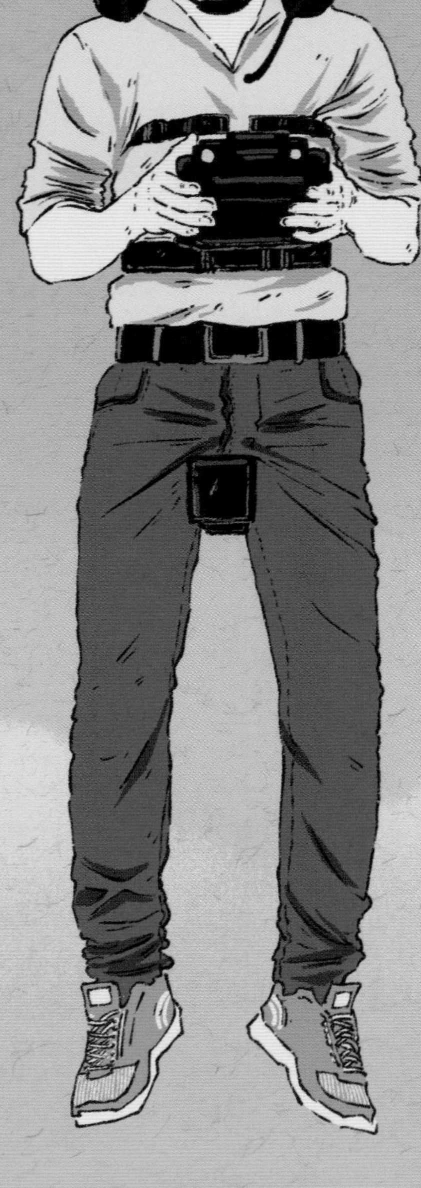

舒满胜的四旋翼背包

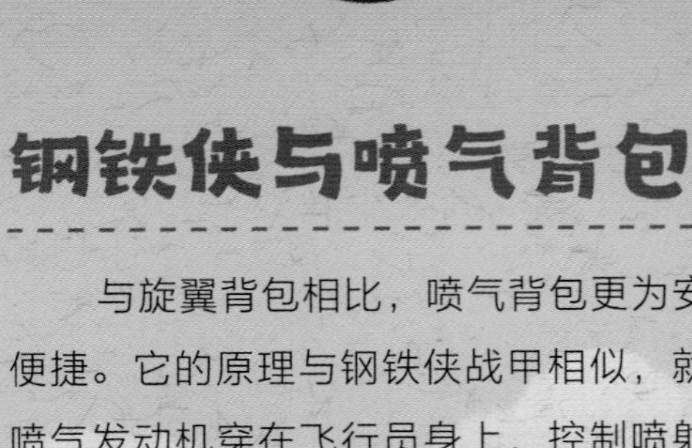

钢铁侠与喷气背包

与旋翼背包相比，喷气背包更为安全和便捷。它的原理与钢铁侠战甲相似，就是将喷气发动机穿在飞行员身上，控制喷射流体方向飞行。其中，轻便、高效且安全是设计难点。目前的喷气背包主要采用非燃烧方式产生高速流体，或是采用高温隔离防护装置，以及把发动机远离人体等设计方案。如在 1999 年 Troy Widgery 发明的 GoFast 喷气背包就是采用不易燃的过氧化氢和过氧化氮相互作用产生高速流体。这种发动机的飞行背包设计加工相对简单，背包轻便小巧，但燃料消耗快。GoFast 只能飞不到 1 分钟。

Jet Suit

同类的还有 Jet Pack Aviation 公司的 JB-9、JB-10 和 JB-11 背包。它采用偶数个涡轮喷气发动机，常规航空燃料或柴油驱动，最高时速 105 千米 / 时，在高 2000 米的空中可以飞行 10 分钟。

JB-9、10、11

最不像背包的是马丁航空器制造公司的飞行背包。它将两个大型喷气发动机远离人体，飞行高度约 2438 米，速度可达 56 千米 / 时，据报道可持续飞行约 30 分钟。

悬浮滑板

飞行翼

飞行翼不同于翼装飞行。翼装飞行主要是从高处向低处无动力滑翔飞行。飞行翼靠自身动力像飞机那样飞行。

飞行翼要驾驶员以自己的身体为机身，通过身体动作来控制方向。早在 2014 年，瑞士飞行员 Yves Rossy 发明了一款火箭动力的喷气式飞行翼。其速度最快可达 304 千米 / 时。不过发动机仅可工作 25 秒。

飞行滑板

像绿魔一样的飞行滑板将发动机放在脚下，使人体完全避开喷射气流。不过要区分飞行滑板和悬浮滑板，前者可自由飞行，而后者只能近地面悬浮飞行。

在 2019 年，法国发明家 Franky Zapata 发明的 Flyboard Air 飞行滑板在法国阅兵中首次亮相。Flyboard Air 采用 5 个微型喷气发动机，最高速度可达 190 千米 / 时，以飞行员背包中的煤油为燃料，可持续飞行 10 分钟。

截至目前，由于燃料消耗巨大，飞行背包都难以持续较长的飞行时间。

喷气式碳纤维飞行翼

堵车我就飞过去

飞行汽车简史

堵车似乎成了现代人的日常生活。堵车时你是否会想，如果有能飞的汽车就好了，遇到堵车就飞过去。实际上这并不是什么新念头，早在 1917 年就有人想制造飞行汽车了。虽然这辆车最终既不像汽车一样在路上行驶，也从未飞上天，但却为发明它的发明家格伦·柯蒂斯赢得了“飞行汽车之父”的称号。

飞机和汽车的组合体既无法在拥堵公路上快速起降，也无法实现长距离飞行，还相当笨重。因此，符合实际飞行所需的高效安全的外形、轻便的结构，成为飞行汽车的主要研发方向。不论是滑跑起降，还是借助旋翼像直升机那样垂直起降的设计方案，都将汽车和飞机从组合体变为融合体。

世界上第一辆飞行汽车

此后的一百余年时间里不断有公司和个人设计并制造各种各样的飞行汽车。如 1946 年由 Henry Dreyfuss 设计的 Convaircar 飞行汽车。它看起来更像一个飞机和汽车的拼装体。它作为汽车行驶时，机翼及发动机等飞行部分完全分离；飞行时再组合到一起。不过因为实用性、安全性差，这辆飞行汽车最后未能量产销售。

Convaircar

类似于上述汽车改装 + 固定翼飞行部分的模式在此后几十年中一直延续，如 Aerocar 飞行汽车和福特 Pinto 飞行汽车。

Transition 和 Aeromobil 两款飞行汽车更像可变形的小型飞机，但却融合了汽车的发动机，具有适应陆地行驶、停泊的尺寸和控制系统等。

Transition 飞行汽车

现代固定翼飞行汽车

首先介绍像普通飞机一样的固定翼飞行汽车，例如我国的 Transition 飞行汽车和斯洛伐克的 Aeromobil 飞行汽车。

Transition汽车采用折叠机翼设计，不飞行时机翼折叠至车身两侧。陆上行驶时最大速度为 110 千米 / 时，飞行时通过 30 米长的公路滑跑起飞，最大速度为 185 千米 / 时，最大飞行高度为 3 千米，航程为 800 千米。

Aeromobil 飞行汽车

Aeromobil 飞行汽车采用可变形后掠翼设计。在陆上行驶时，机翼像“背手”一样背到车身后部，可停泊在普通车位内，需要飞行时再伸展开。Aeromobil 飞行汽车采用普通汽油驱动的发动机，最大陆地行驶速度为 161 千米 / 时，最大飞行速度为 200 千米 / 时，最远可飞行 750 千米。

旋翼飞行汽车

旋翼飞行汽车是将直升机与汽车相融合，可像直升机一样垂直起降飞行。如以色列的“城市鹰隼”，采用内置的飞机发动机，在陆地行驶时螺旋桨折叠收在身后，飞行时展开，可在 10 分钟内完成模式转换。

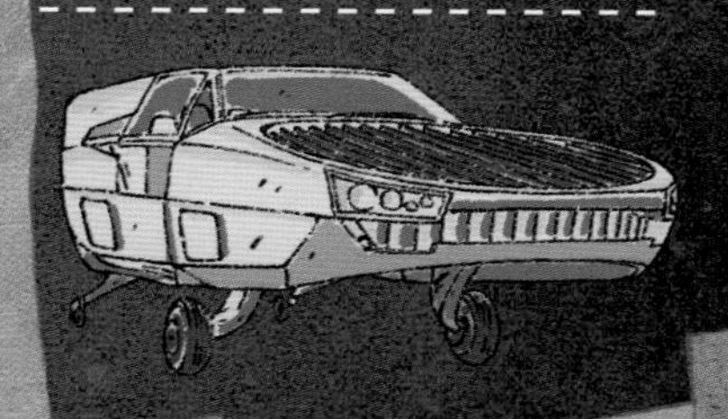

以色列城市航空公司 2004 年开始研发飞行汽车，2005 年将其命名为“城市鹰隼”，2021 年发布“城市鹰隼”2.0 版本。

PAL-V Liberty 飞行汽车

Pop.Up NEXT 概念飞行汽车像一个大型四旋翼无人机和一个三轮电瓶车融合体，更像一个小型直升机。

Pop.Up NEXT 采用分体式设计，由飞行模块、座舱和陆地模块组成。座舱和飞行模块组合就是直升机，座舱和陆地模块组合就是汽车。Pop.Up NEXT 整体采用轻质的碳纤维材料，座舱既无方向盘也无飞机操纵杆，采用智能控制。

Pop.Up NEXT 概念飞行汽车

换个姿势飞行

在飞行器的发展史上，美国的X系列飞行器是最不按常规姿势飞行的。它是"少年天才班"一样的存在：所谓"少年"是因为X取自于"Experimental（试验的）"，蕴涵"未知的"含义，X飞行器验证技术大多都是超前的、探索性的；所谓"天才"是这些技术研究太过奇异甚至疯狂，不论成功或失败都引领并推动了飞行器技术的发展。

X-2

截至2020年4月1日，已知的美国X系列飞行器编号从X-1至X-61。不论成败，X系列飞行器在当时、现在乃至未来都代表了飞行器技术的发展前沿。

X-1

X-1——第一架超声速飞机

X-1采用火箭发动机，并由B-29重型轰炸机空中挂飞投放。此后，美国还研制了一系列X-1的改进型，进行了一百多次试验飞行。

X-5

X-1系列飞行器具有划时代的意义，不仅因其飞行速度突破了声障，使人类进入超声速飞行时代，更因它是第一架纯粹为试验飞行技术而制造的飞机。从外形看，X-1飞行器气动布局设计对于当时来说十分保守，并没有采用现代飞机常见的后掠翼，而且为了强化机身强度，放弃了许多操控性和新设计。可以说，X-1的设计目的就是为了突破声障，进行超声速飞行。

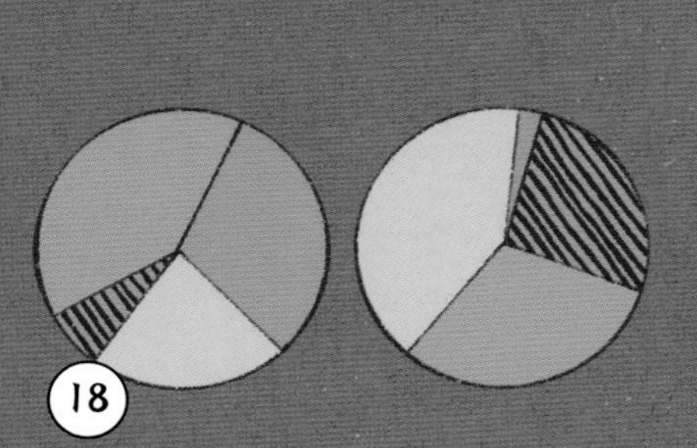

X-4

X-7
X-8
X-11
X-3
X-9
X-10
19307
X-14
NASA
USAF
X-6

X-15——最快的有人驾驶飞机

X-15 是一架高超声速飞机，该研究项目持续了 15 年，创造了多项世界纪录。X-15 一共制造了三架，即 X-15、X-15A 和 X-15A-2。为了飞到所需的高空、高速，X-15 必须由载机挂着在空中投放以获得一定的初速度和高度。其由两台火箭发动机提供动力，携带的燃料只能飞行 80 ~ 120 秒，其他时间只能无动力滑翔飞行。此后，X-15A-2 加装了燃料罐，但也仅有动力飞行不到 2 分钟。X-15 机身表面覆盖镍铬铁合金，保护机身在 1200℃的高温下不变形。

在 1967 年 10 月，威廉 · J · 奈特驾驶 X-15A-2 飞到了 6.72 马赫的速度，以此速度从北京飞到华盛顿只需约 1 小时 40 分。X-15 的试验飞行为美国后来的水星、双子星、阿波罗有人太空飞行计划和航天飞机的发展提供了极其珍贵的试验数据。

X-15A-2

直至今日，X-15 飞机在飞行界仍是无敌的存在：世界上速度最快的有人驾驶飞机、唯一的有人驾驶高超声速飞机和飞得最高并到达太空的有人驾驶飞机，这些纪录至今仍未能被打破。

由于 X 系列飞行器涉及最尖端的技术，因此它们的研制过程都很神秘，甚至有些只有编号的“传说”。

美国官方将 X-37B 称为“轨道试验飞行器”，旨在验证低成本空天往返及未来军事太空飞行器所需的技术。然而，X-37B 项目与美国空军的军事空天飞机、空间机动飞行器和太空作战飞行器等概念有密切联系，并且 X-37B 已多次在太空进行“绝密”飞行。由于国际公约禁止在太空部署武器，而且美国一直持遮掩的态度，外界猜测它很可能就是一款新型太空武器。

X-37B

X-37B——神秘的轨道试验飞行器

X-37B 飞行器则是一款实实在在的“传说”。说它实实在在，是因为 X-37B“有图有真相”，像航天飞机般飞入太空并执行完任务返回；说它是“传说”，是因为除了美国人自己，其他人并不知道它究竟是何用途，又是怎样在太空变轨飞行的。

从本质上讲，X-37 是一种往返可重复使用的无人航天运载器，由波音公司的“鬼怪工程队”研制，已研发 X-37A 和 X-37B 两种型号，其体积约为航天飞机的 1/4。

目前，已成功飞入太空执行任务的是 X-37B。它由多级运载火箭送入轨道，可根据任务需要依靠自身动力变更飞行轨道，在太空执行任务时间不少于 270 天，绕地球飞行一圈约 1.5 小时，可携带 227 千克的有效载荷，执行完任务后返回大气层，并无动力滑翔飞行至机场水平着陆。

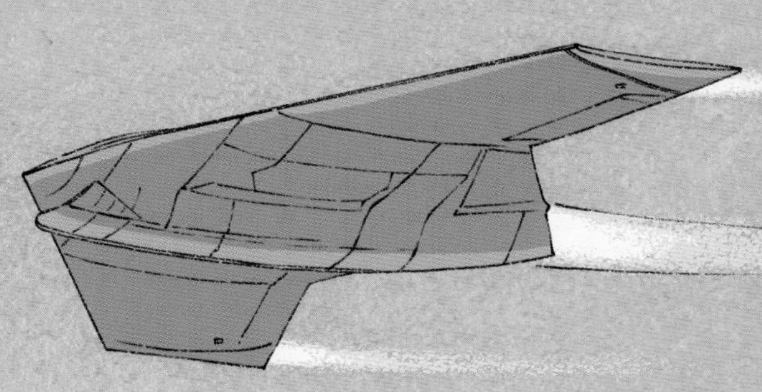

X-39 想象图

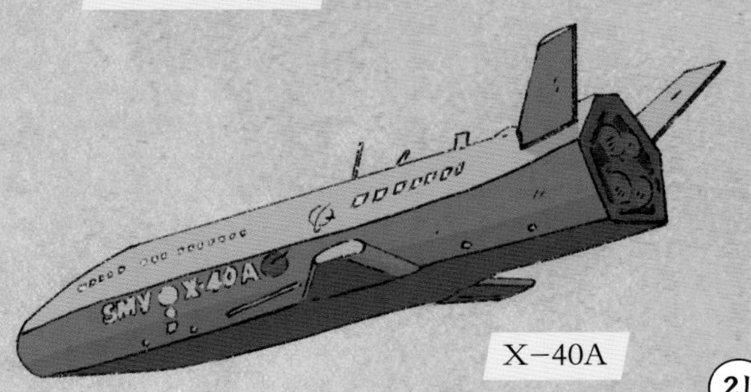

X-40A

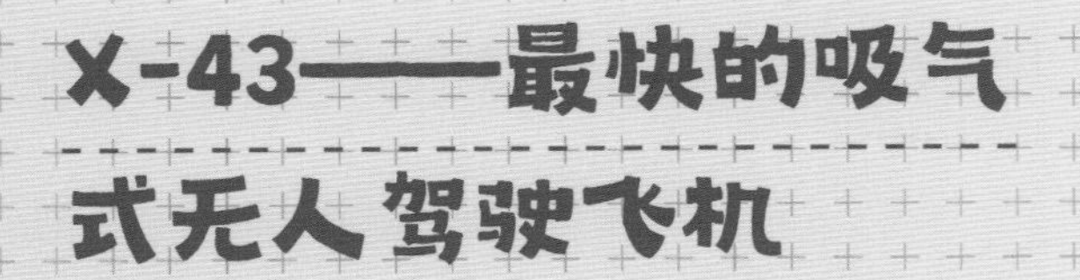

X-43——最快的吸气式无人驾驶飞机

X-43飞行器是迄今为止世界上以超燃冲压发动机提供动力飞行的最快的无人机。X-43采用升力体构型，全动式水平尾翼和双垂直尾翼与方向舵，像一个冲浪板。为了减小阻力，前缘设计得很尖，控制面也很薄。腹部是一个超燃冲压发动机。X-43装载在飞马座空射火箭第一级，由B-52飞机挂载发射。在空中由助推火箭加速至高超声速后，X-43自身的超燃冲压发动机点火继续自由飞行。

X-45

X-43

X-43一共飞行三次，两次成功。X-43成功的意义在于，它是迄今为止最快的吸气式飞机。X-43不回收，飞行试验完成后便坠入大西洋，但X-43飞行取得了巨大的成功：它首次实现了超燃动力自由飞，且成功地在高空验证了高温材料、天地一致性等地面上不可能完成的试验。可以说X-43的成功增加了全世界对高超声速技术研究的信心，直接推进了美国其他高超声速计划。

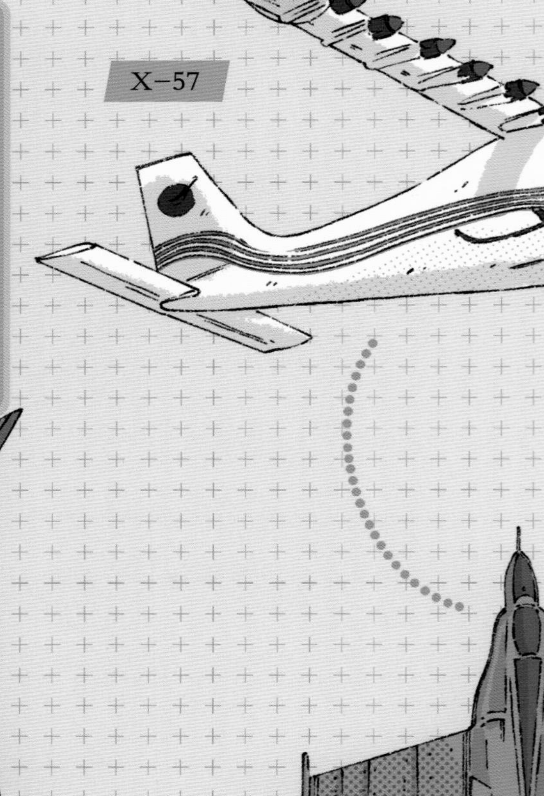

X-48

X-53

X-60

X-59——安静超声速运输机

X-59 不是一款研制成功的飞行器。在这里介绍是因为它代表了即将到来的民用客机发展潮流：客机将重回超声速时代。所谓“重回”是因为历史上曾有过苏联图 -144 和法国协和式两款超声速客机。但这两款飞机因油耗高、航程短、载客少、使用成本高、起降噪声大、声爆问题等严重缺陷，分别于 1984 年和 2003 年停止飞行。此后，全世界的客机飞行速度就回到了 20 世纪 50 年代的水平，约 0.67 马赫，一直延续至今。

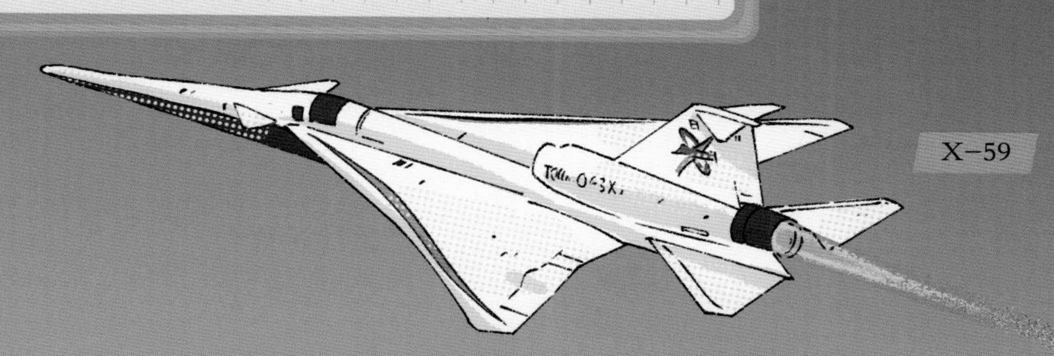

美国国家航空航天局 2016 年启动了新一代安静型超声速低声爆演示机 X-59 QueSST 项目。

所谓声爆，即飞机在飞行时，挤压并排开前方的空气，当飞行速度超过声速时，飞行器头部在空气中形成冲击波，同时在尾部由于被排开的空气重新汇合也形成冲击波，冲击波传到地面上形成的爆炸声。它对人体有很大危害。

X-59 计划实现在 16800 米高度以 1.4 马赫飞行时，地面噪声约为 60 分贝，相当于关车门的声音。

“唯快不破”的助推滑翔飞行器

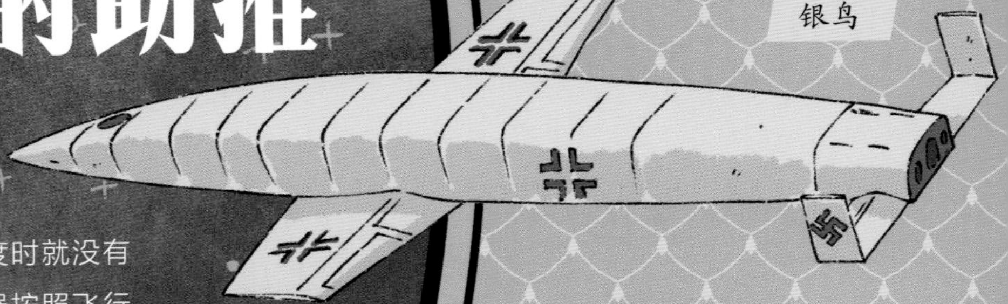

天下武功唯快不破，说的是当动作招式快到一定程度时就没有敌手了，这句话同样可以用在飞行器上。高超声速飞行器按照飞行的航迹或区域，通常可分为助推－滑翔飞行器、高超声速巡航飞行器和空天往返飞行器等，逐一讲述它们的“武功”特点。

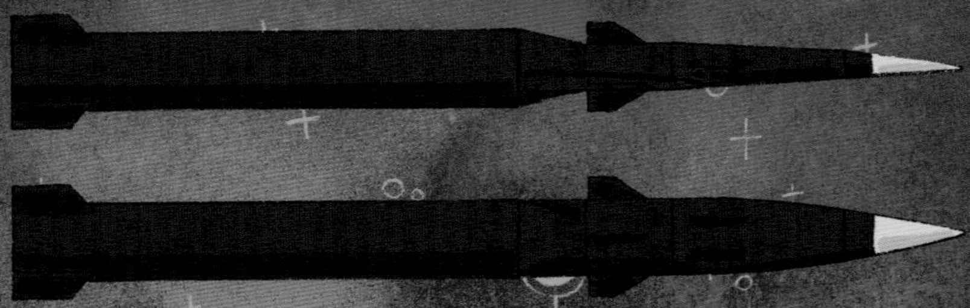

概念起源

“助推－滑翔”概念的起源最早可追溯至德国科学家Sanger（桑格尔）于1936至1942年间设计的“银鸟”滑翔轰炸机，设计方案是用火箭发动机进行助推，采用弹跳弹道，它的样子就像“打水漂”，利用有翼火箭在大气层内滑翔飞行，在大气层上部多次“弹跳”来实现远距离飞行。

银鸟

中国科学家钱学森于1948年在美国火箭学会举行的年会上报告了一种带翼火箭助推的洲际高速运输方案。运输机利用火箭发动机助推加速。发动机关机后，依靠惯性继续升高约90千米，航迹最高点为300千米。然后，运输机在重力作用下降低飞行高度，重返大气层，借助空气所提供的升力在大气中进行无动力滑翔飞行，减速着陆。这种飞行方案运用到火箭、导弹上，就构成了一种独特的助推－滑翔弹道，即钱学森弹道。

DF-17导弹

钱学森弹道

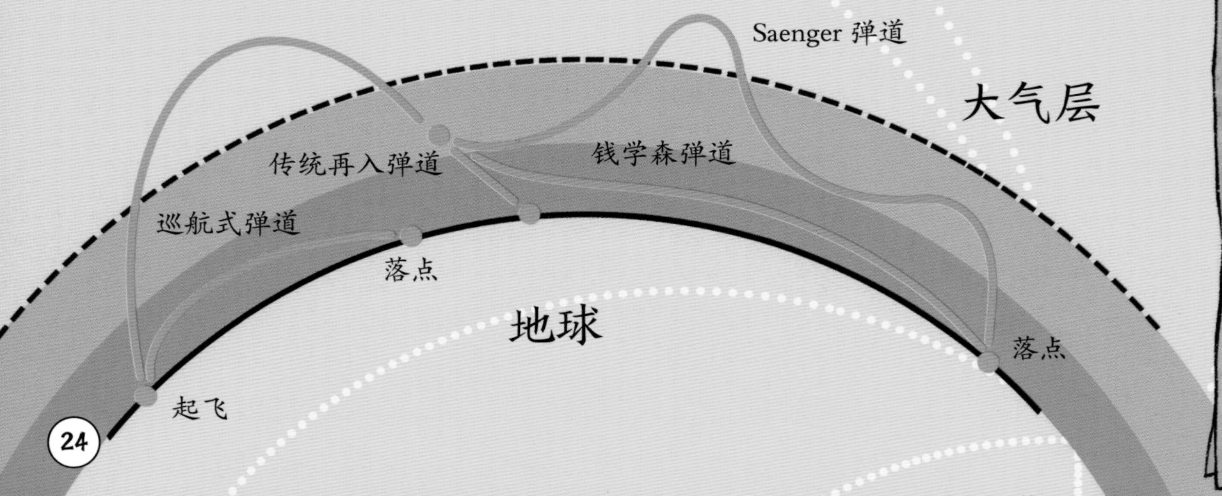

由于助推滑翔可以获得高超声速，甚至达到20马赫。这种速度下飞行器会处于高温、高过载状态，不适合载人飞行，但可以获得较远的飞行距离和突防能力，因此目前通常被用于设计导弹。中国在国庆70周年阅兵上展出的东风-17导弹就属于助推－滑翔飞行器。它是世界上第一款正式列装部队的助推－滑翔导弹。

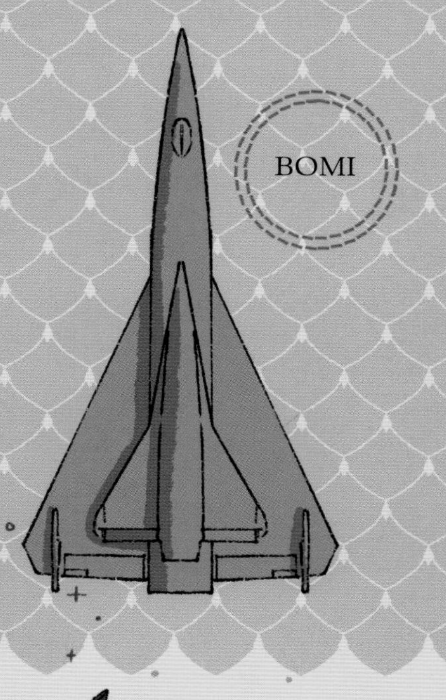
BOMI

发展历程

美国助推－滑翔飞行器研究始于 20 世纪 50 年代，有代表性的计划包括 BOMI、AlphaDraco、BGRV、HGV、CAV 等。

在 1954 年，美国空军与 Bell 航空公司签署合同，计划研究远程高超声速助推－滑翔飞行器 BOMI。经过三年研究，BOMI 的最终研究报告指出：助推－滑翔概念是可行的，助推－滑翔飞行器的性能卓越，将会有无限发展潜力。继 BOMI 后，在 1957 年，美国开始了 Dyna-Soar 计划。在 1962 年，Dyna-Soar 被指定为 X-20，设计为一种有人驾驶的、可再入大气层的轨道飞行器。

Dyna-Soar 飞行器 X-20

继 Alpha Draco 后，在 1968 年美国进行 BGRV 飞行测试。BGRV 意为助推－滑翔再入飞行器。此试验成功地测试了喷气反作用力与气动力对滑翔飞行的联合控制。

在 1987 年，美国开始进行 HGV 研究。HGV 意为高超声速滑翔飞行器。它是一种战略核导弹，复兴了 Dyna-Soar 的设计思想。滑翔器采用三角形升力体外形，由民兵导弹或空射运载火箭搭载，可助推至马赫数 18，高度达 80 千米，然后长距离滑翔，攻击 15000 千米外的目标。资料显示，空射型的 HGV 可能在 1992 年前后进行了相关试验。

BGRV

HGV

1959 年的 Alpha Draco 飞行测试是美国第一次成功的助推－滑翔导弹飞行试验。AlphaDraco 从地面发射飞行至 29 千米后关机，二级继续依靠气动升力滑翔飞行，并最终俯冲至 386 千米外。AlphaDraco 不仅验证了助推－滑翔概念，也为后续型号的研制积累了丰富的气动与材料数据。

Alpha Draco

发展现状

近年来，美国大力开展助推－滑翔导弹的研究，并启动了常规打击导弹（CSM）、“猎鹰”（FALCON）、先进高超声速武器（AHW）、弧光（ArcLight）、一体化高超声速技术研发（IH）、潜射高超声速导弹和战术助推－滑翔（TBG）项目等一系列研究项目，涉及高低升阻和远近航程。通过“先进高超声速武器”（AHW）计划，美军低升阻比助推－滑翔导弹技术的可行性得到验证。

FALCON 计划的 CAV

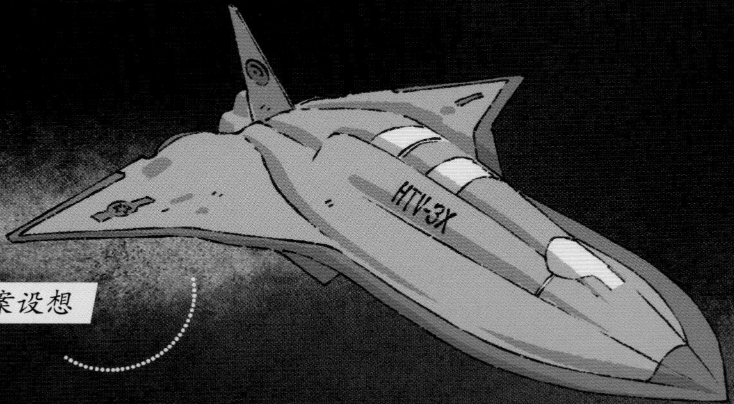

HTV-3X 单发动机方案设想

“兵力运用和本土发射”的 FALCON 项目包括 HTV-1（已撤销）、HTV-2 和 HTV-3X（已撤销）三个方案。由“人牛怪-4”火箭发射。尽管 HTV-2 研制取得了一定进展，但在 2010 年 4 月和 2011 年 8 月进行的两次飞行试验均未取得成功，关键技术仍未突破。在 2014 年 9 月，美国进一步推动空射型助推－滑翔导弹的研发工作。

2018 年研制的“先锋”外形

X-51a 飞行器

俄罗斯对助推－滑翔飞行器的研究以苏联的研究成果为基础，分别于 2016 年 4 月和 2016 年 10 月，成功完成了两次高超声速助推－滑翔飞行器 Yu-71 的试射（速度可达 15 马赫）。Yu-71 计划在 2025 年前服役。在 2018 年，在国情咨文中公开的"先锋"助推－滑翔导弹的滑翔弹头编号为 15Yu71。

发展趋势

从当前世界助推－滑翔导弹的研制进展和未来计划安排来看，助推－滑翔飞行器仍主要作为导弹使用，并根据射程分为射程相对较近的战术导弹和跨洲际飞行的战略导弹。

截至目前，由于助推－滑翔飞行器极高的飞行速度和变化的飞行轨迹，使得还没有证据证明存在有效的拦截方式，真正实现了"唯快不破"。

雷光电影的高超声速巡航飞行器

虽然人类早已进入太空，甚至登上了月球，但制造的飞行器飞行速度呈两极化状态：

（1）集中在 1 倍声速左右。

（2）达到入轨所需的 20 马赫速度。

这导致了中间速度却成空白状态。究其原因，是许多高超声速飞行技术难题未能突破。如利用成熟的火箭发动机技术可轻易达到高速状态，但由于携带的燃料和氧化剂燃烧非常快，所以不可持续。如果携带更多的燃料和氧化剂，它们的自重就更大，消耗更快。

机身前部压缩

激波边界层相互作用

后体扩

气流

飞行器弓形激波

进气口

隔离段

燃烧室

喷管

超燃冲压发动机推力原理图

聪明的科学家发现，即便是在 20 千米以上的临近空间高超声速飞行，空气中的氧气也足够作为氧化剂使用。科学家设计了一种构造简单、依靠冲进发动机进气道的高速气流将自己压缩的冲压发动机。它将进入进气口的气体动能变成压力能，从而提升燃烧温度，将燃烧后的气体以更高的速度喷射出去，从而产生推力。

在高超声速飞行时，进入进气道的气流速度也是超声速的，这种燃烧超声速气流的冲压发动机被称为超燃冲压发动机。它是实现高超声速巡航飞行的关键。

高超声速巡航飞行是指主要在大气层内依靠自身动力系统以不小于 5 马赫速度持续机动飞行，高超声速巡航飞行器就是能进行高超声速巡航飞行并执行某种具体任务的飞行器，主要包括高超声速巡航导弹、高超声速拦截武器和高超声速飞行平台（高超声速飞机）。这里持续机动飞行至少要以分钟计算。X-15 飞机虽然能以 6 马赫以上的速度飞行，但却只能持续几秒钟的时间，并不能算持续机动飞行。

匕首空射高超声速巡航导弹

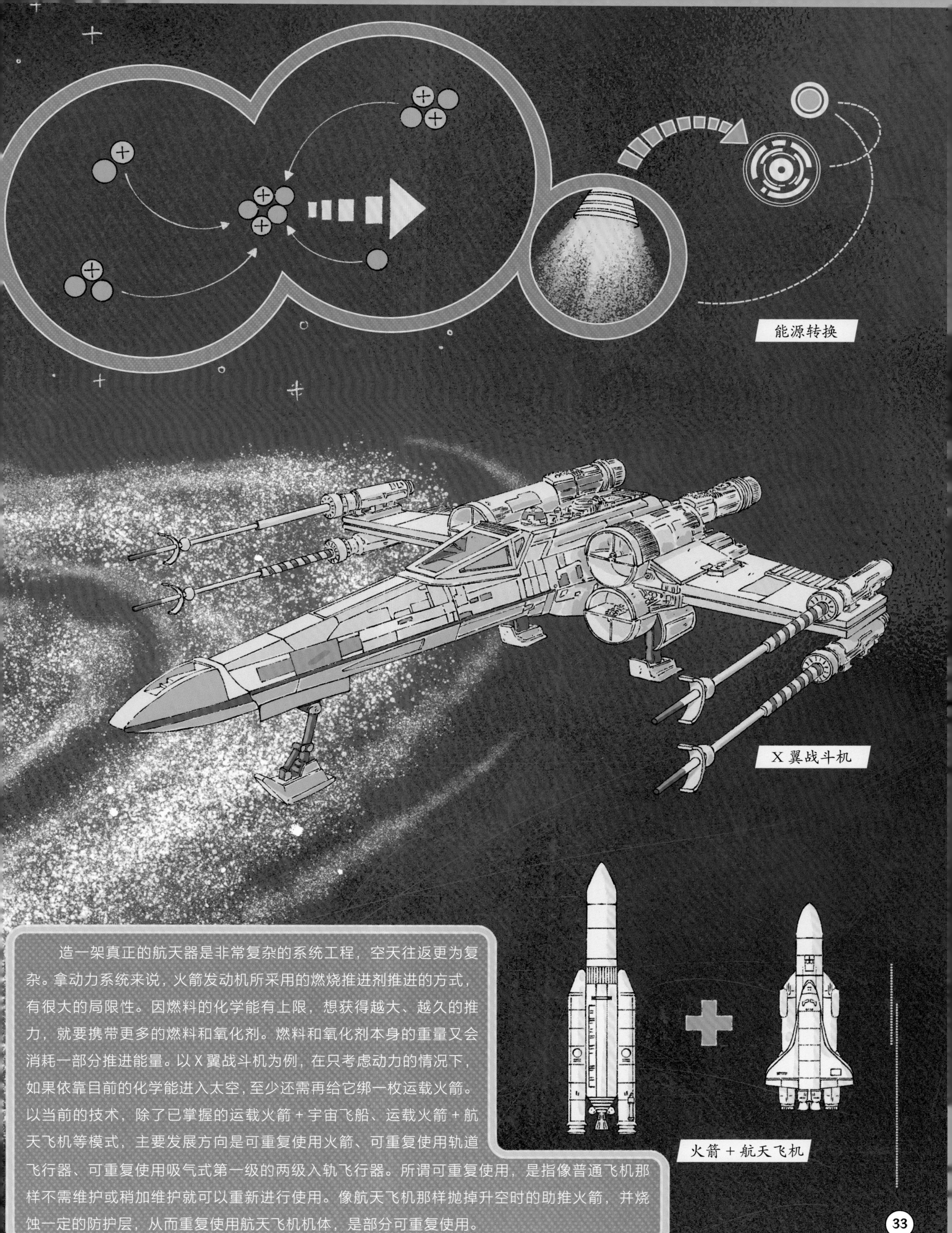

造一架真正的航天器是非常复杂的系统工程，空天往返更为复杂。拿动力系统来说，火箭发动机所采用的燃烧推进剂推进的方式，有很大的局限性。因燃料的化学能有上限，想获得越大、越久的推力，就要携带更多的燃料和氧化剂。燃料和氧化剂本身的重量又会消耗一部分推进能量。以 X 翼战斗机为例，在只考虑动力的情况下，如果依靠目前的化学能进入太空，至少还需再给它绑一枚运载火箭。以当前的技术，除了已掌握的运载火箭 + 宇宙飞船、运载火箭 + 航天飞机等模式，主要发展方向是可重复使用火箭、可重复使用轨道飞行器、可重复使用吸气式第一级的两级入轨飞行器。所谓可重复使用，是指像普通飞机那样不需维护或稍加维护就可以重新进行使用。像航天飞机那样抛掉升空时的助推火箭，并烧蚀一定的防护层，从而重复使用航天飞机机体，是部分可重复使用。

发展历程

早在20世纪60年代，世界各国就开始了空天往返飞行器相关技术的研究，对单级入轨、两级入轨等空天飞行器及其关键技术进行了大量探索和研究，主要分为火箭动力和吸气式动力两条研发途径。

继BOMI后，在1957年美国开始Dyna-Soar计划，意为动力上升－再入滑翔飞行器。它与BOMI相似，仍沿用助推级加滑翔级结构。Dyna-Soar利用TITAN-III火箭作为助推级，可被助推至近地轨道或亚轨道。

1962年，Dyna-Soar被指定为X-20，设计为一种有人驾驶的、可再入大气层的轨道飞行器。此计划虽于1963年终结，但却极大地刺激和带动了包括地面测试技术、气动热力学、热结构防护、系统工程等的发展，为后续技术的发展产生极为深远的影响。

X-20

吸气式空天飞行器的研究经历了反复发展的历程。美国开展的研究最为系统，持续时间最长，取得的成果也最为丰硕。早在20世纪80年代，美国就提出了国家空天飞机（NASP）计划。到90年代中期结束，该计划下发展的X-30飞行器并未开展飞行试验，但该计划开展了大量的关键技术攻关，积累了大量研究成果。

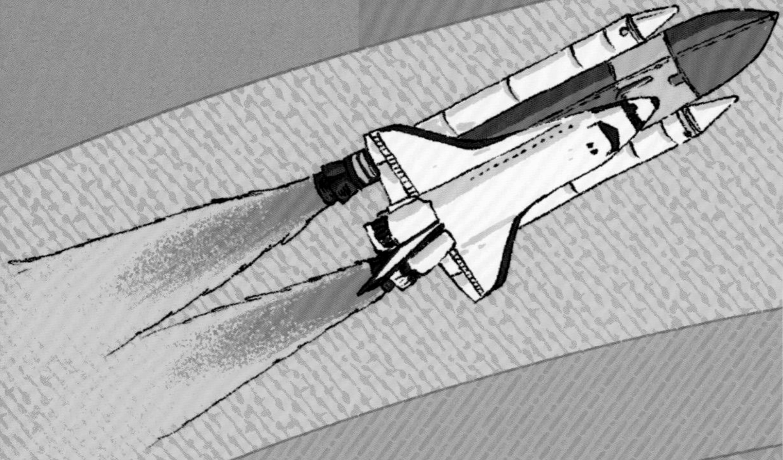

航天飞机

在此期间，俄罗斯与美国相互竞争，提出了图-2000空天飞行器，英国提出了HOTOL（霍托尔）项目，德国提出了Sanger（桑格尔）项目，但这些项目都未开展飞行试验。在20世纪90年代至2000年前后，美国研发了X-33、X-34等天地往返飞行器，但最终都在关键技术研发或飞行器研制阶段就匆匆下马。在2001年，美国提出了国家航空航天倡议（NAI）计划，建议协调有序地发展高速/高超声速技术、进入空间技术、空间技术，目前美国仍在该框架下发展空天飞行器技术。

以火箭为动力的天地往返飞行器技术已得到轨道试验验证。美国的“航天飞机”是以火箭为动力的空天往返飞行器的典型代表。美国共设计制造了 5 型航天飞机，从 1981 年至 2011 年的 30 年间，共执行了 135 次任务，在轨时间总计 1334 天。

虽然“挑战者号”和“哥伦比亚号”出现了飞行事故，但总体来说，以火箭为动力、部分可重复使用的航天飞机已经历了多次成功飞行试验，表明以火箭为动力的天地往返飞行器技术已比较成熟。目前，美国空军和 DARPA（国防高级计划局）联合负责的 X-37B 空间机动飞行器是可重复使用的无人天地往返飞行器，是美军重点发展的空间飞行器。此外，苏联也研制过一种名为“暴风雪号”的航天飞机，于 1991 年该飞机成功进行了无人轨道试飞，其后苏联解体，该研究计划下马。

发展现状

美国空军和 DARPA（国防高级计划局）主导的 X-37B 空间机动飞行器利用火箭动力进入太空，在太空飞行时具备一定的机动变轨能力，可自主飞行返回地面。目前 X-37B 已成功完成了三次飞行试验。该飞行器试验的成功进一步验证了美国长期在轨飞行器技术已成熟，并且该飞行器的在轨时间不断创造着新的纪录。

腾云工程

首次试验于 2010 年 4 月开始，为期 224 天。

第二次试验于 2011 年 3 月开始，为期 469 天。

第三次试验于 2012 年 12 月开始，为期 674 天。

2013 年，美国国防高级研究计划局启动了“实验型空天飞机”（XS－1）计划，旨在开发一种高效、廉价、可重复使用的空间运载器。该飞行器的第一级以火箭为动力，可重复使用，第二级是被称为“太空摆渡车”的一次性使用火箭，目的是将有效载荷快速、低成本发射入轨。

XS－1 想象图

吸气式空天飞行器从提出至今一直处于方案探索和原理验证阶段。目前，世界多个国家依据国内技术优势和需求，提出了空天飞机的研究方案，并进行关键技术的攻关。历史上美国曾启动了单级入轨的“国家空天飞机计划”，但仅造了一个 X-30 缩比模型就终止了。在 1987 年英国提出了单级入轨的“霍托尔”计划，但仅停留在方案论证阶段就下马了。在 1988 年至 1995 年间，德国曾发展桑格尔两级入轨空天往返飞行器方案。此后，俄罗斯、日本、印度、欧空局等国家和地区组织都发展了空天往返飞行器方案。

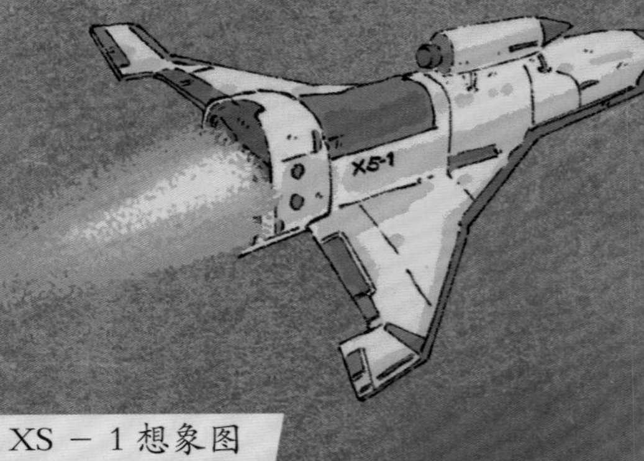

XS－1 想象图

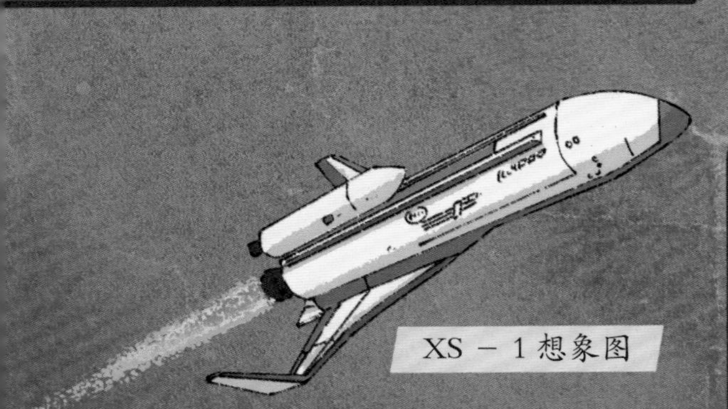

XS－1 想象图

两级入轨方案中，提出了多种探索方案，如垂直起飞、水平着陆，或水平起飞、水平降落，还有垂直起飞、滑翔返回的方案。中国航天科工集团曾提出“腾云工程”空天飞机。

目前仍在研究的项目，单级入轨方案中，英国的“云霄塔”（SKYLON）进展较为突出。它具有完全可重复使用的特点，能像普通飞机一样水平起飞和降落。“云霄塔”机身中段和翼尖位置对称安装两台“军刀”发动机，具备将 12 吨有效载荷送入 300 千米轨道的能力。在“云霄塔”飞行的第一阶段，“军刀”发动机像喷气式飞机一样工作至 26 千米高度、5 倍声速，此后转为火箭发动机工作模式，送载荷入轨。该发动机处于原理验证阶段，在 2012 年英国反应公司成功演示验证了缩比发动机在 0 ~ 25 马赫条件下运行的一系列技术，得到了欧空局的充分肯定，认为该发动机可能是世界推进技术领域的重大进展。在 2013 年，英国政府和商业机构决定投资 6000 万英镑用于制造两台该类发动机，而后进行飞行测试。

发展趋势

当前一段时间，部分可重复使用火箭和火箭动力的空天飞行器仍是各国发展的重点，完全可重复使用则为远期目标。实现远期目标的关键技术是吸气式高超声速飞行技术，其中超燃冲压发动机和火箭发动机的组合循环推进飞行器将替代一次性的部分，涡轮和超燃冲压发动机的组合循环推进的水平起降飞行器将替代垂直发射的一级推进器。

私人太空飞行

普通人的飞天梦

你是不是有飞上太空的梦想？那你知道怎样才能飞上太空吗？没错，成为航天员。只有通过解放军空军的招飞成为战斗机飞行员，再通过严格选拔成为航天员，才能乘坐“神舟号”飞船飞向太空。不仅中国如此，飞向太空基本都是国家行为。因为，制造载人航天器需要先进的制造机械、大量特种设备和材料资源，以及大量的经费。如果不能成为国家航天员，是不是就没有遨游宇宙的可能？从客观情况看，个人单枪匹马造出载人航天器还是非常遥远的事。但也不必沮丧，目前已经出现了用于太空旅行的私人太空飞行器。

昙花一现的“山猫”

早在 2001 年，太空探险公司 Space Adventures 就开始与俄罗斯航天局合作，通过宇宙飞船陆续在 8 年内将 8 名普通乘客送往了国际空间站。此后，美国 XCOR 宇航公司设计了“山猫”亚轨道飞行器并大规模售票。在 2013 年，荷兰太空探险公司曾与淘宝网合作销售最低 60 万元人民币的“山猫一号”体验票。“山猫一号”能将乘客送达距地面 61 千米的临近空间。而 XCOR 公司的“山猫二号”设计飞行高度为 103 千米，让乘客真正进入太空。然而，XCOR 公司最终都未能制造出样机，这场大众太空游的梦最后随着 XCOR 公司在 2017 年破产而灰飞烟灭。

“山猫二号”亚轨道飞行器

太空船 2 号：VSS Unity

白色骑士 + 太空飞船

美国维珍银河公司是目前仍在运行并提供太空旅游项目的公司之一。其推出了亚轨道飞行太空旅游。乘客乘坐在可容纳 2 名飞行员和 6 名乘客的 VSS Unity 亚轨道飞行器内，由“白色骑士 2 号”带到 16 千米的高空投放。届时，VSS Unity 亚轨道飞行器依靠自身携带的火箭发动机爬升至 110 千米的太空轨道。在 2016 年 9 月，“白色骑士”挂飞 VSS Unity 完成了首次飞行测试。

腾空而起的“龙”

在 2020 年 5 月 31 日，美国 SpaceX 公司利用其猎鹰 9 号火箭和“龙”飞船将美国两名航天员送至国际空间站，同时火箭第一级成功回收。

这是美国自 2011 年航天飞机退役后，首次用本国航天器将航天员送上太空。

SpaceX 公司 CEO 艾伦 · 马斯克是靠网络支付系统发家的亿万富翁，被称为“硅谷钢铁侠”。当马斯克自己造火箭和宇宙飞船时曾被学术界质疑。马斯克用自己的努力打破了质疑。

SpaceX 不仅造出了大推力火箭，还让这些火箭可回收再用，极大地降低了发射成本。同时，还造出了能运送人和货的宇宙飞船。

“白色骑士”飞机

“白色骑士”载机“太空船 2 号”

2020 年 6 月，马斯克又在 Twitter 上表示，SpaceX 将在海上建造浮动太空港，发射用于全球客运的“星舰”火箭。以后，10 小时以上的跨国航班将变为 20 ～ 30 分钟的跨国火箭了。

“龙”飞船发射想象图

孤独的旅行者

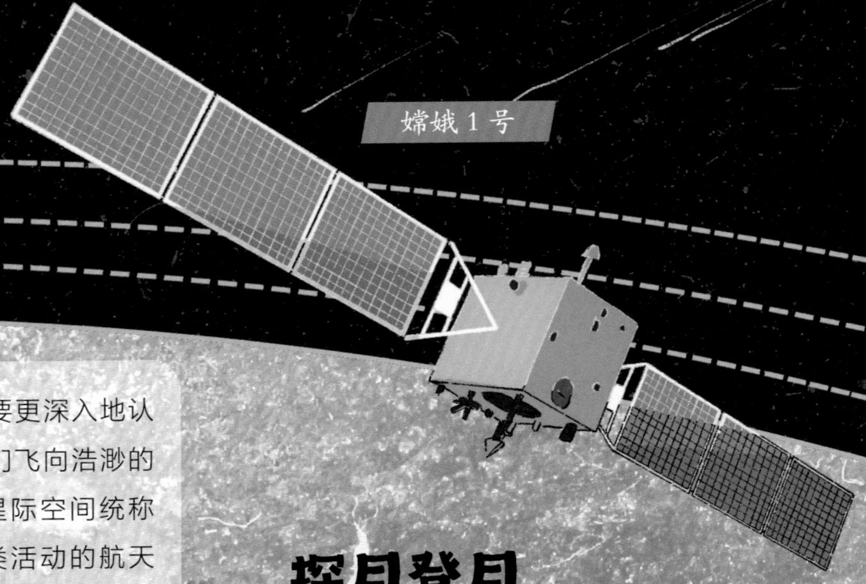

嫦娥 1 号

自仰望星空开始，人类就梦想着遨游太空。人类想要更深入地认识宇宙，研究未知奥秘，于是发射了许多航天器，让它们飞向浩渺的宇宙深处开展深空探测或运输。飞向太阳系行星和行星际空间统称为深空飞行，开展探测活动则称为深空探测，开展这类活动的航天器被称为深空探测器；负责运载运输的航天器则称为深空运载运输器。不过，除探月登月外，截至目前发射到太空的其他深空探测、运载运输器都是单程，再也不会回到地球，都将成为独自远行的旅行者。

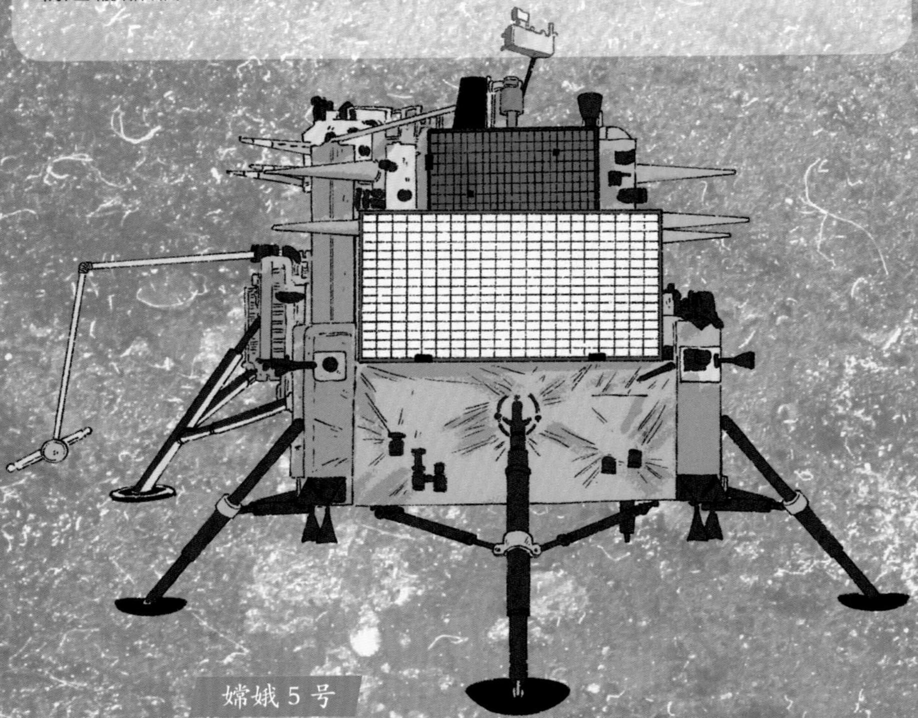

探月登月

探测地外天体通常包括掠飞、入轨绕飞和着陆采样三种方式，就好像你和一棵果树：从树下路过看了一眼是掠飞，绕树转圈是绕飞，拿个采摘器摘果子是着陆采样。

想探测或登月，先要飞向月球。航天器在飞向月球时受到地球、太阳和月球的引力。

嫦娥 5 号

在 1969 年，美国“阿波罗 11 号”搭载航天员阿姆斯特朗和奥尔德林成功登上月球并返回地球。这是人类历史上第一次登上月球。

就好比一只跑向狗粮却又同时被你、妈妈和爸爸拽着狗绳的小狗。它本身被狗粮吸引，但因同时被三股力量拽住，所以并不能径直跑向狗粮，而是以曲线的方式前进。飞向月球的航天器就像那只小狗，飞向月球的曲线就是它的轨道，而拽住它的力量分别来自太阳、地球和月亮。

阿波罗登月

离地球近时，地球引力为主，绕地球飞行的轨道叫地球停泊轨道；靠近月球时，月球引力为主，绕月球飞行的轨道叫月球附近轨道，一般认为只考虑地球和月球引力时，月球引力的作用半径为 66280 千米，超过这个距离时月球引力就可以忽略；从地球飞往月球之间的轨道叫地月转移轨道，它是个椭圆形的一部分。

为了使航天器获得足够的速度进入地月转移轨道，通常需要在地球停泊轨道靠近地球、通常被称为近地点的位置用自身动力加速。就好像荡秋千，你想要荡得高，必须在秋千最低点时使劲儿，从而获得更快的速度。

嫦娥 4 号

月球距离地球 38 万千米，从地球停泊轨道飞至月球附近轨道通常需要 3 ～ 5 天。登月之后返回地球需要按相反的顺序进行轨道转移。由于月球引力只有地球的 1/6，因此从月球返回地球所需燃料较少。

作为人类向宇宙进军的第一站，从 20 世纪 50 年代末至今，世界各国向月球发射了大量探测器。如苏联发射了“月球 1 号”至“月球 24 号”等 24 个月球探测器；美国发射了 9 个“徘徊者号”和 7 个“勘测者号”月球探测器；中国则发射了“嫦娥一号”至“嫦娥五号”。

玉兔

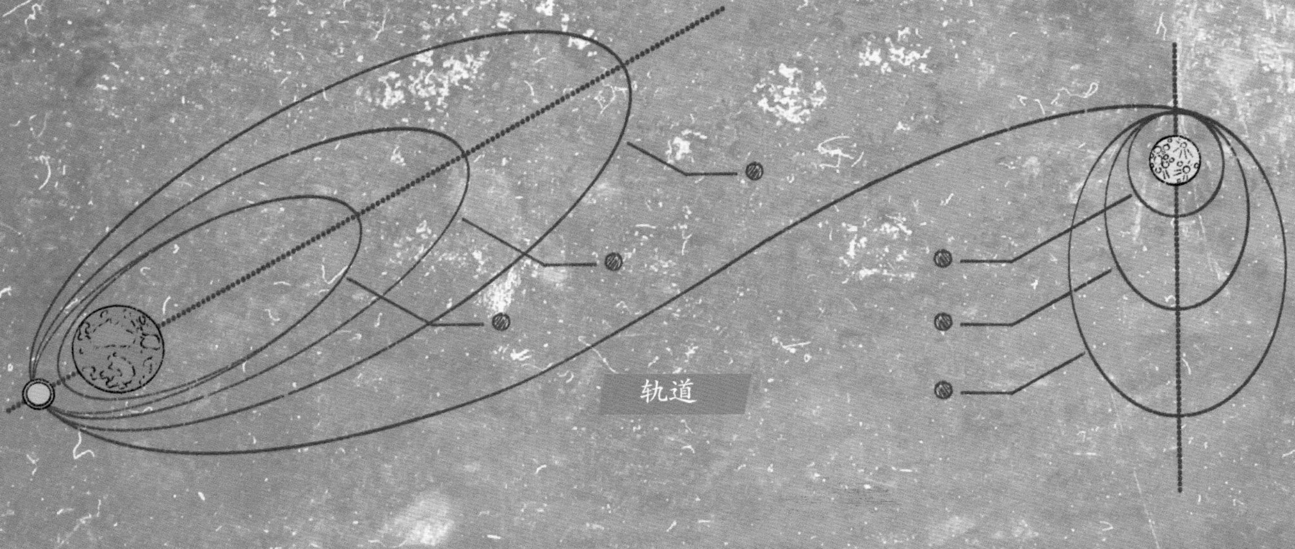

轨道

飞往行星的探测器

虽然人类尚未开始登陆太阳系中的其他星球，但是却向金、木、水、火、土等行星及它们的卫星，甚至彗星都发射过探测器。如探测金星的“金星1号”“麦哲伦号”“水手1号”“织女星1号”等；探测木星的“伽利略号”“朱诺号”等；探测水星的“水手10号”“信使号”和“贝皮·科伦坡”等；探测火星的“火星1A号”“水手3号”“好奇号”等；探测土星的“先驱者11号”“卡西尼”号等。

麦哲伦号

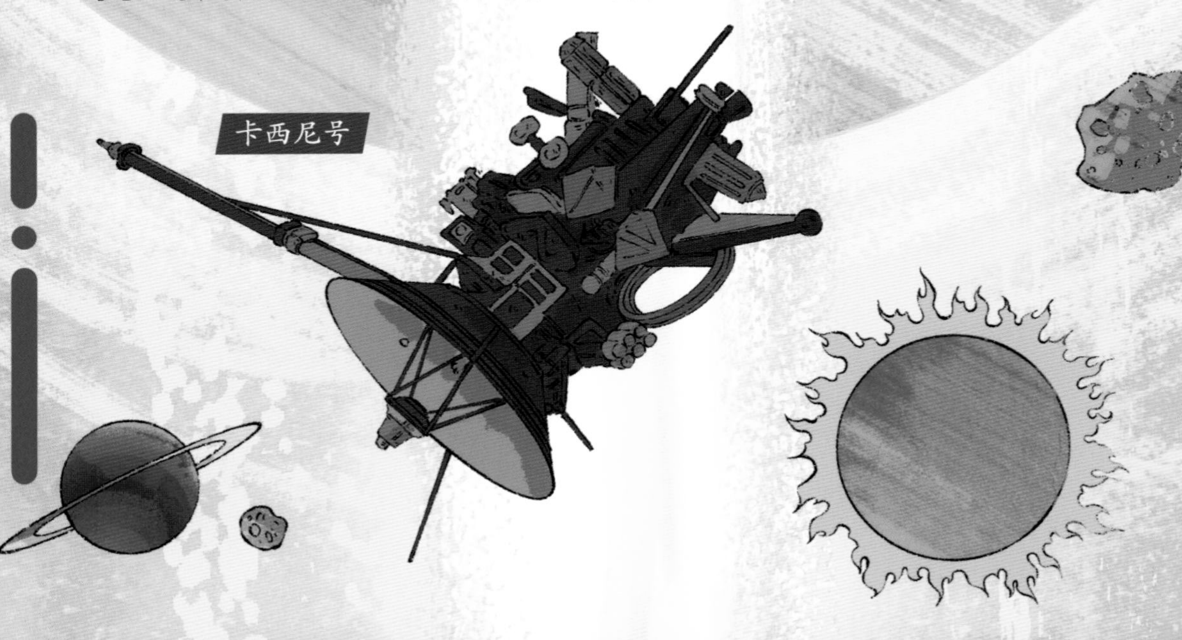

其中，直接转移轨道是以太阳为引力中心的椭圆或双曲线轨道，经过行星飞越转移轨道则需要同时考虑太阳引力和靠近其他行星时的引力作用。

探索水星的“水手10号”曾借助金星减速，“卡西尼号”曾借助金星、木星的引力加速飞往土星，“旅行者2号”借助木星、土星、天王星和海王星加速飞离太阳系。

为了走得更远、了解得更多，人类发射了许多行星探测器。飞向深空需要在克服地球引力场的同时，做好长时间飞行的准备。

这种飞行需消耗巨大的能量。但航天器携带的燃料有限，所以和探月一样，从地球飞往目标星球需要设计节省燃料的飞行轨道，包括三个阶段：地心轨道、转移轨道和行星轨道。

地心轨道是航天器主要受地球引力作用时飞行的轨道。转移轨道是从地球飞向目标星球的轨道，通常包括直接转移和经过行星飞越转移等两种轨道。

信使号

航天器在漫长的飞行过程中面临着超高真空、高热高寒、各种高能粒子辐射等严酷环境，这就需要做好能量源、电子仪器的各类防护，保证它们始终处于正常状态。如水星探测器可能面临300℃高温、金星探测器为470℃，而土星探测器为-250℃，因此到水星、金星需要防热，而到土星需要防寒。

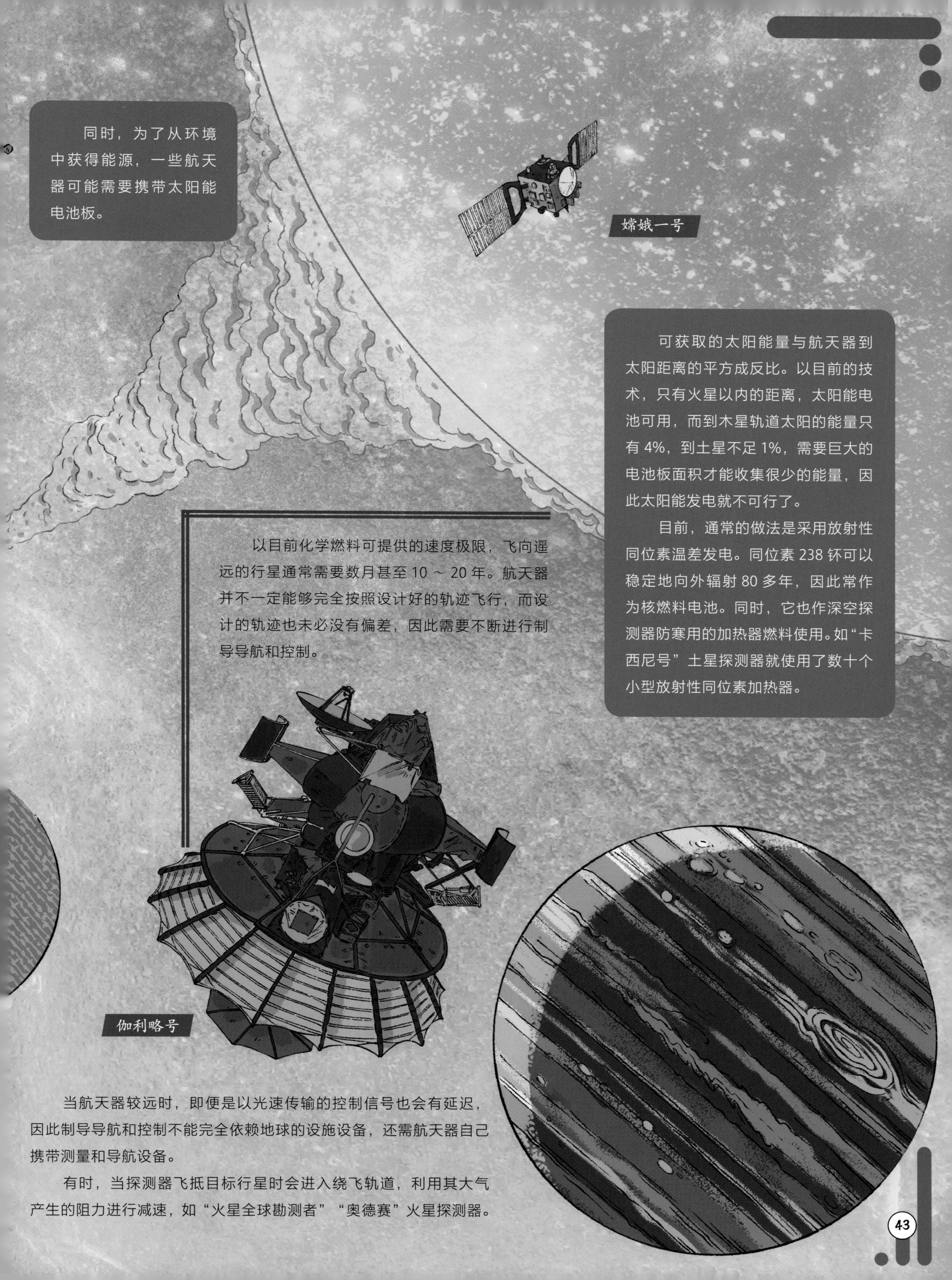

同时，为了从环境中获得能源，一些航天器可能需要携带太阳能电池板。

可获取的太阳能量与航天器到太阳距离的平方成反比。以目前的技术，只有火星以内的距离，太阳能电池可用，而到木星轨道太阳的能量只有 4%，到土星不足 1%，需要巨大的电池板面积才能收集很少的能量，因此太阳能发电就不可行了。

目前，通常的做法是采用放射性同位素温差发电。同位素 238 钚可以稳定地向外辐射 80 多年，因此常作为核燃料电池。同时，它也作深空探测器防寒用的加热器燃料使用。如“卡西尼号”土星探测器就使用了数十个小型放射性同位素加热器。

以目前化学燃料可提供的速度极限，飞向遥远的行星通常需要数月甚至 10 ～ 20 年。航天器并不一定能够完全按照设计好的轨迹飞行，而设计的轨迹也未必没有偏差，因此需要不断进行制导导航和控制。

当航天器较远时，即便是以光速传输的控制信号也会有延迟，因此制导导航和控制不能完全依赖地球的设施设备，还需航天器自己携带测量和导航设备。

有时，当探测器飞抵目标行星时会进入绕飞轨道，利用其大气产生的阻力进行减速，如“火星全球勘测者”“奥德赛”火星探测器。

火星探测

按距离太阳由近及远排序，火星排名第4。绕太阳一圈按地球日算为687天。火星上的一天约为24小时37分，比地球多半小时，质量约为地球的1/10，大小约为1/2。火星表面覆盖着主要成分为二氧化碳的稀薄大气，还有少量氧气和水蒸气，平均温度为−63℃。由于火星环境具备被改造为适合人类居住的星球的潜力，因此它一直是人类探测的热点。

每隔26个月，地球、火星、太阳之间有一次最佳位置分布，适合用最小能量向火星发射探测器。自1960年开始，人类就开始向火星发射探测器，迄今为止先后发射了四十余颗，部分获得成功。

20世纪60年代发射的“水手4号”“水手6号”“水手7号”探测器曾掠飞火星并探测火星表面。

1971年发射的“火星2号”“水手9号”“火星勘测轨道器”等绕飞火星。

1971年“火星3号”首次实现火星软着陆。

此后，“海盗1号”“海盗2号”“火星探路者”“凤凰号”“勇气号”“机遇号”“好奇号”等先后登陆火星。

除掠飞和进入轨道的探测器外，人类还向火星表面发射了能够着陆的探测器和可以移动的无人星球探测车。如用于探测火星是否存在液态水的“凤凰号”火星探测器、“好奇号”火星探测车。星球车本身不属于飞行器，而是飞行器搭载的任务载荷。它一般具备在复杂未知环境中行驶的能力，能自主、半自主工作。

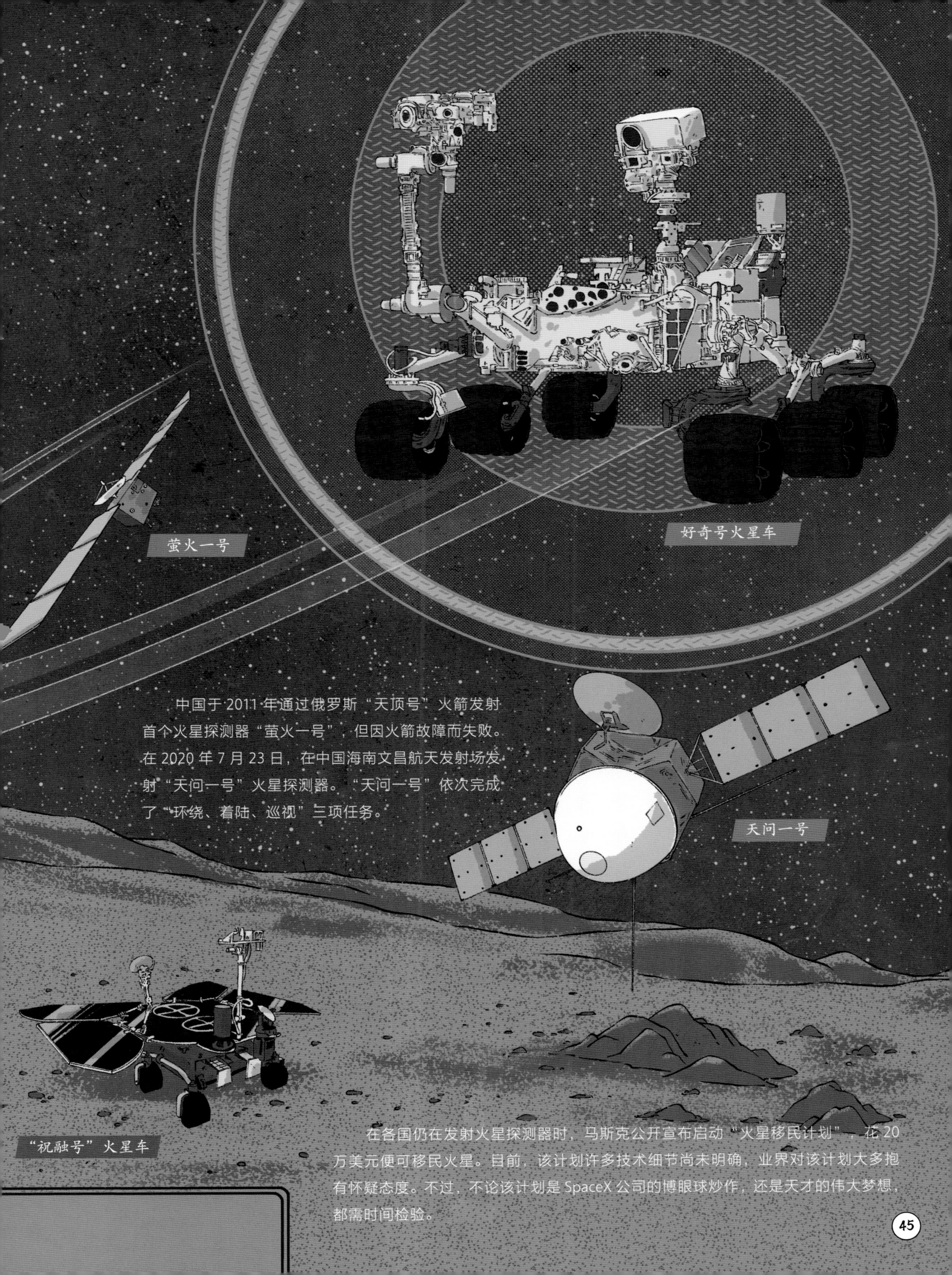

中国于 2011 年通过俄罗斯“天顶号”火箭发射首个火星探测器“萤火一号”，但因火箭故障而失败。在 2020 年 7 月 23 日，在中国海南文昌航天发射场发射“天问一号”火星探测器。“天问一号”依次完成了“环绕、着陆、巡视”三项任务。

在各国仍在发射火星探测器时，马斯克公开宣布启动“火星移民计划”，花 20 万美元便可移民火星。目前，该计划许多技术细节尚未明确，业界对该计划大多抱有怀疑态度。不过，不论该计划是 SpaceX 公司的博眼球炒作，还是天才的伟大梦想，都需时间检验。

冲出太阳系

“先驱者 10 号”

众所周知，地球是太阳系中的一颗行星，太阳系是银河系亿万星系中一个年轻的恒星系，而银河系只是浩瀚宇宙亿万星系之一。

先驱者 10 号

先驱者 11 号

在 1972 年美国发射了第一颗用于近距离观测木星的深空探测器“先驱者 10 号”。它在探测完木星后于 1986 年飞过冥王星轨道，并继续飞出太阳系。“先驱者 10 号”的飞行方向为恒星毕宿五，它大约还需要 200 万年才能飞到毕宿五。

“先驱者 10 号”采用放射性同位素作为温差电源能源。虽然在 1997 年，美国国家航空航天局正式宣布“先驱者 10 号”退役，但到 2003 年“先驱者 10 号”仍在向地球传回信息。目前，“先驱者 10 号”已消失在茫茫宇宙中了。

“先驱者 11 号”

在 1973 年，美国发射了第二颗用于探测木星和土星的“先驱者 11 号”。“先驱者 11 号”在探测完土星后继续朝着天鹰座方向飞去，并将在 400 万年后抵达。最后一次接收到“先驱者 11 号”传回的信号是在 1995 年，此后它能源耗尽，各种仪器不再工作。

旅行者1号

“旅行者1号”

1977年美国发射了“旅行者1号”“旅行者2号”探测器，目前它们已飞离太阳系，都携带有“地球名片”——镀金铜片和唱盘，一旦遇到外星人，便可让其知道地球上也存在智慧生命。

旅行者2号

“旅行者1号”已达到第三宇宙速度17.6千米/秒，目前飞出了太阳系，距地球约223亿千米，仍和地球保持联系，到2025年它携带的能源将耗尽。按轨迹，“旅行者1号”此后将围绕银河系的银心公转，但因为没有动力继续加速到第四宇宙速度（110～120千米/秒）而不能飞出银河系。

“新地平线号”

“新地平线号”是美国2006年发射的冥王星和柯伊柏带小天体探测器。它于2015年飞掠过冥王星轨道，并继续向太阳系外飞行。按设计轨迹，它目前应抵达了柯伊柏带，即由彗星和其他较小天体构成的中间环带。“新地平线号”将在这一区域开展5～10年的飞行和探测，此后便会飞出太阳系。

新地平线号

“旅行者2号”

“旅行者2号”探测器已于2018年飞离太阳系。根据理论计算，“旅行者2号”约在6550年后飞抵距离地球4光年的巴纳德恒星附近。

科幻作品中的星际飞行

除飞出太阳系的第三宇宙速度和飞出银河系的第四宇宙速度，理论上还有飞出银河系所在星系群的第五宇宙速度（约 2000 千米 / 秒），以及可能存在的飞出这个星系群所在的超星系团的第六宇宙速度（接近光速）。以目前的技术未能使飞行器达到第四宇宙速度。那么，科幻作品中星际旅行是伪科学吗？基于当前科学技术，其中一部分是有理论依据的，比如“曲率”飞行和“虫洞跳跃”。

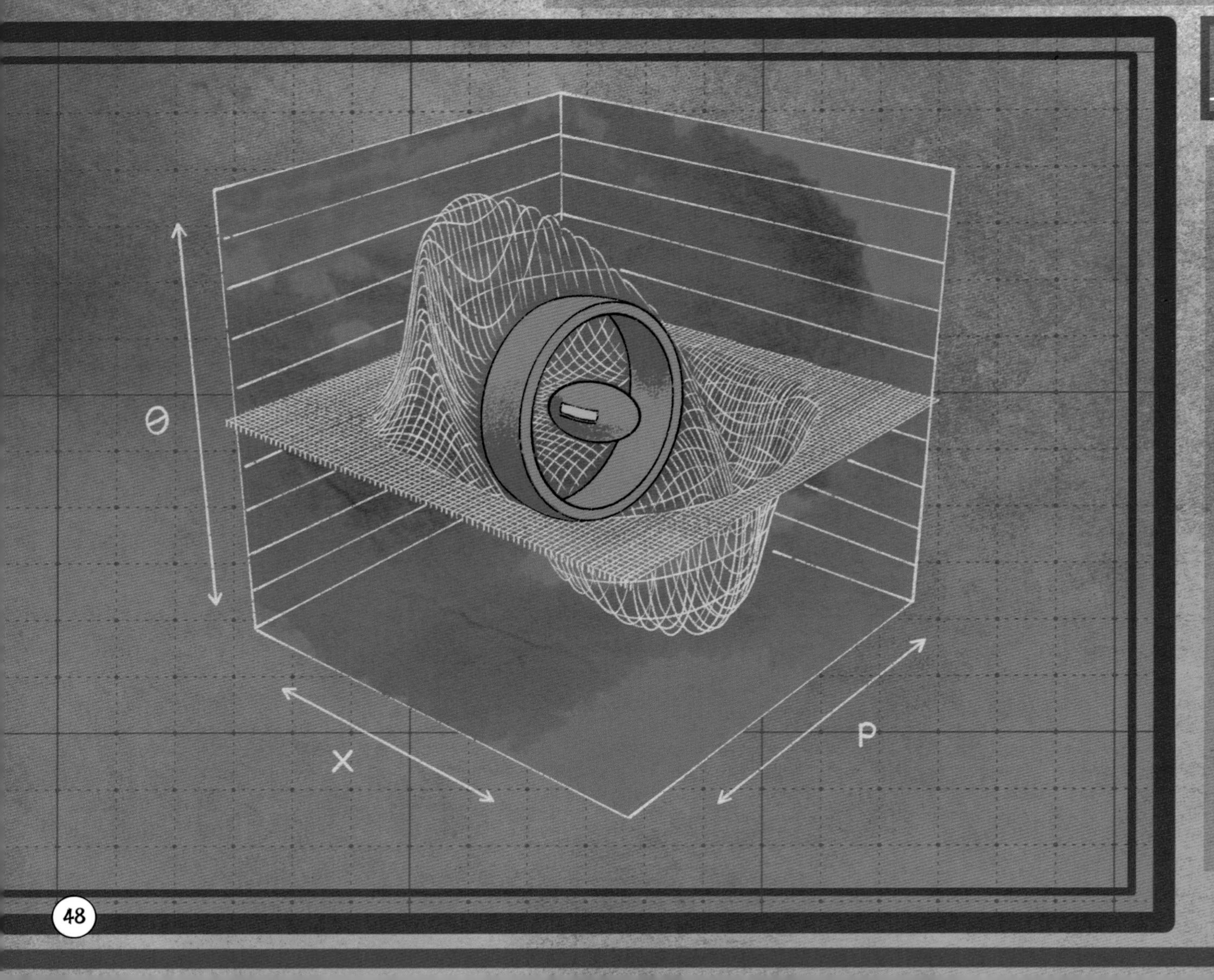

“曲率”飞行

“曲率”飞行原理基于我们生活的三维空间不是平坦的而是一个曲面。好比海洋的水面，当前方出现一个巨大的旋涡时，航行在水面上的船将跟随水流一起被吸入。当这个旋涡很陡时，吸入的水流速度快，船也就很快。对于船本身而言，它并不需要任何动力，它是被空间带着走的。

因此，“曲率”飞行并不是常见的作用力反作用力原理，而是改造了空间。

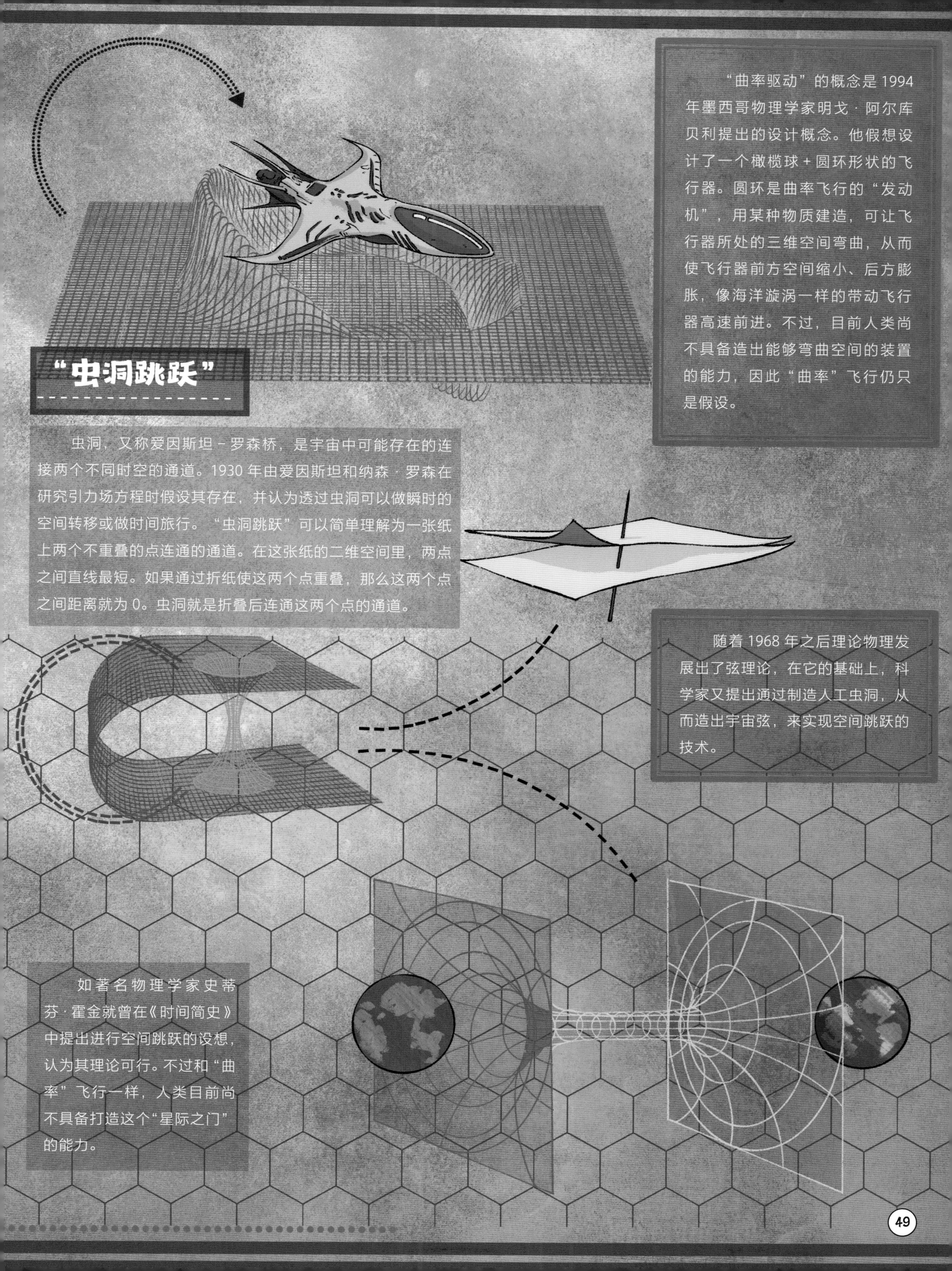

“曲率驱动”的概念是1994年墨西哥物理学家明戈·阿尔库贝利提出的设计概念。他假想设计了一个橄榄球+圆环形状的飞行器。圆环是曲率飞行的“发动机”，用某种物质建造，可让飞行器所处的三维空间弯曲，从而使飞行器前方空间缩小、后方膨胀，像海洋旋涡一样的带动飞行器高速前进。不过，目前人类尚不具备造出能够弯曲空间的装置的能力，因此“曲率”飞行仍只是假设。

“虫洞跳跃”

虫洞，又称爱因斯坦－罗森桥，是宇宙中可能存在的连接两个不同时空的通道。1930年由爱因斯坦和纳森·罗森在研究引力场方程时假设其存在，并认为透过虫洞可以做瞬时的空间转移或做时间旅行。“虫洞跳跃”可以简单理解为一张纸上两个不重叠的点连通的通道。在这张纸的二维空间里，两点之间直线最短。如果通过折纸使这两个点重叠，那么这两个点之间距离就为0。虫洞就是折叠后连通这两个点的通道。

随着1968年之后理论物理发展出了弦理论，在它的基础上，科学家又提出通过制造人工虫洞，从而造出宇宙弦，来实现空间跳跃的技术。

如著名物理学家史蒂芬·霍金就曾在《时间简史》中提出进行空间跳跃的设想，认为其理论可行。不过和“曲率”飞行一样，人类目前尚不具备打造这个“星际之门”的能力。

跨介质飞行器

毛泽东在《水调歌头 · 重上井冈山》中曾写道："可上九天揽月，可下五洋捉鳖。"我们乘着宇宙飞船可以飞向月球，坐着飞机可以在空中翱翔，乘坐潜水艇可以潜入辽阔的海洋深处。

那么，有没有一种飞行器，既可以飞上天又可以潜入海中呢？前文提过既能作为飞机在天空中飞行，又能飞入太空的单级或多级入轨空天往返飞行器，现在我们聊聊既能在天上飞，又能在水里游的"潜水飞机"或"飞行潜艇"——跨介质飞行器。

苏联提出的"飞行潜艇"设想

苏联提出的"飞行潜艇"设想

气球、飞机能在天空中飞翔，是因为它们沉浸在空气中并产生作用力。潜水艇能在水中游弋，是因为它们沉浸在水中产生了作用力。空气和水对于飞机和潜水艇来说就是它们的介质。从空气中进入到水中就叫作跨介质。

苏联提出的"飞行潜艇"设想

虽然空气和水都是流体，但因两种介质密度相差800多倍，物理特性也不同，兼有飞行和潜航两种能力不是件容易的事，需要克服很多难题。如飞行需要飞行器本身很轻，但轻的材质又较脆弱，入水时需要一定强度；潜水时需要整个外壳密封，但因为飞行器轻而密封，像气球一样又很难潜入水中。

特别是从空中高速运动状态下入水是此类飞行器的研发难点。跨介质飞行器从概念提出至今，因为技术难度大，所以研究一直断断续续。

1934 年，苏联曾提出“飞行潜艇”设想，旨在研制出能载人的飞行和潜水的飞行器，直到 1938 年完成 LPL 飞行器的设计。LPL 设计飞行速度为 200 千米 / 时，航程 800 千米，能潜入水下 45 米。但受技术条件限制，并未研制成功。

20 世纪 70 年代，美国也提出了一种大型潜水飞机方案：设计的飞行半径为 4000 千米，能够在水下停留 120 小时，但这一方案也仅仅是完成了概念设计。

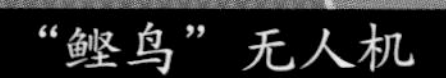
“鲣鸟”无人机

2012 年，北京航空航天大学研发出中国首款跨介质飞行器——“鲣鸟”无人机，它最大的特点是可从空中垂直入水潜航，也可以从水中垂直升空飞行。

水下飞机“深海超级猎鹰”

2003 年，美国启动了“潜射与回收多功能无人机”计划，并由洛克希德·马丁公司研发出“鸬鹚”潜射无人机。2006 年“鸬鹚”研发成功。

它由潜水艇携带，通过潜射导弹舱发射离开潜艇，靠海水浮力浮到海面后，启动自身的火箭发动机飞行。任务结束后，“鸬鹚”落到海面，再由潜艇将其回收。“鸬鹚”采用钛合金材质，长约 5.8 米，重 4 吨，可飞行约 900 海里。

“鸬鹚”潜射无人机

2019 年，美国北卡罗来纳州大学研发了一款“鹰鳐”固定翼跨介质飞行器。经过 70 多年发展，跨介质飞行器各项关键技术趋于成熟，虽然目前总体上仍处于研发试验阶段，但距离投入使用已不遥远。

谁在研发超级飞行器

飞行器是人类最伟大的发明之一。从飞机发明之初，莱特兄弟就创办了莱特公司，开始规模化研究制造飞机。今天，航空航天领域的研发力量早已发展成全球化的工业体系，这其中不但有老牌跨国军工集团，也有民企新秀，在研发超级飞行器的路上不断前行。

波音公司

1916 年，威廉 · 波音创办了太平洋航空产品公司，从事水上双翼飞机的生产销售。1917 年更名为波音飞机公司。最终发展为今天的波音公司。波音公司旗下有一个著名的研发团队——“鬼怪工厂”，研发了一系列探索前沿技术的超级飞行器。

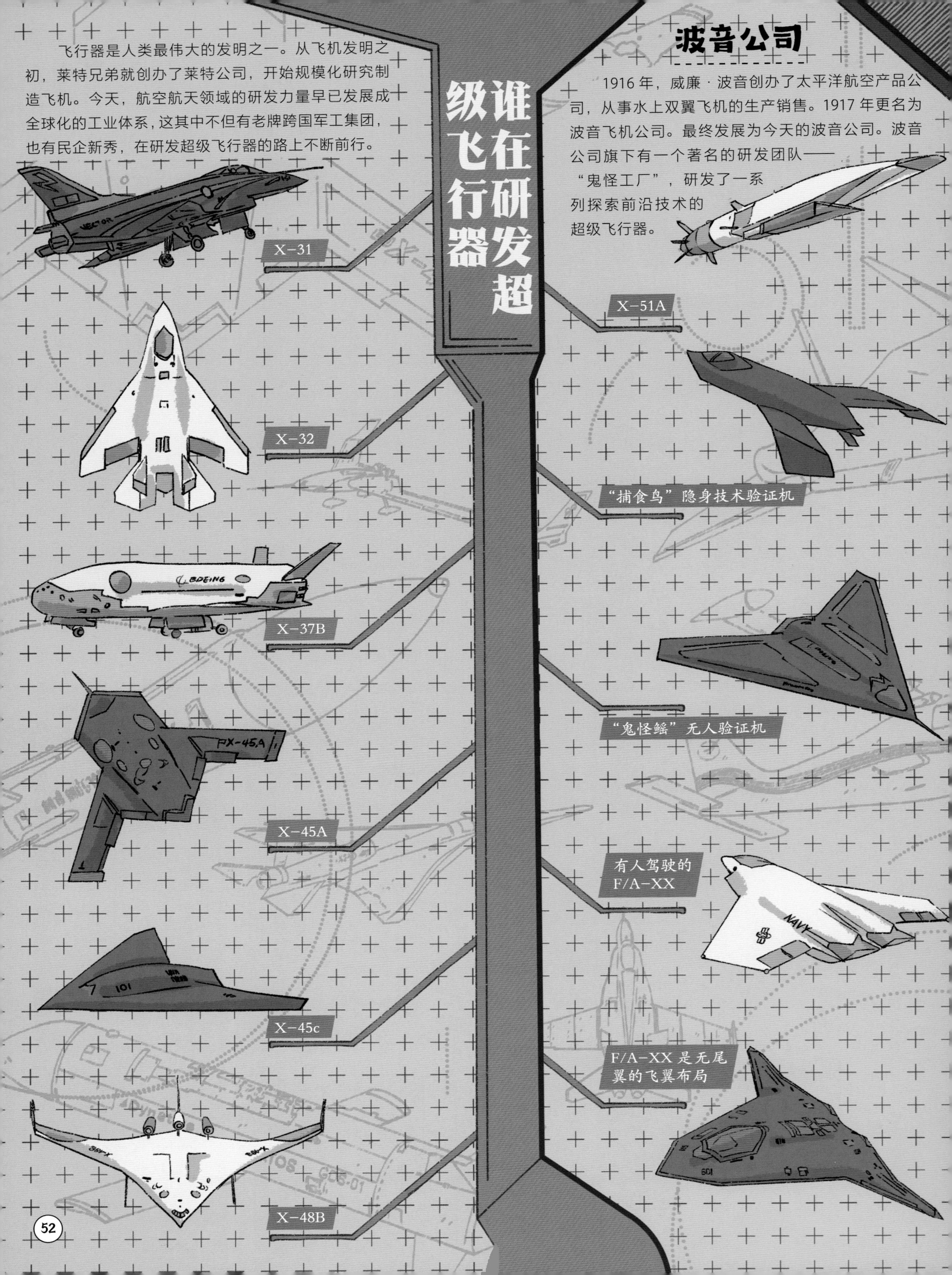

洛克希德·马丁
美国洛克希德·马丁公司是一家提供航空航天、防务等产品和服务的大型跨国公司。其前身洛克希德公司创建于 1912 年，是一家飞机制造公司。
洛克希德·马丁公司研发生产了许多著名的飞机。
X-23
U2 侦察机
X-24A
SR-71“黑鸟侦察机”
F-22
X-24B
F-35
X-33
X-54
X-7
X-17
X-56
X-59

欧洲宇航防务公司

2000 年，欧洲宇航防务公司成立，从事民用飞机、军用飞机、导弹、火箭、卫星等方面的研发、生产、销售。欧洲宇航防务公司在各个领域都存在着像波音、洛克希德·马丁等这样的强劲对手，其也靠过硬的产品质量和先进的技术在民用客机和军用产品市场占有举足轻重的地位。

与德国 MBB 公司、意大利飞机公司合作研发出“狂风”多用途战斗机。

世界上第一种可垂直起降的喷气式战斗机——“鹞”，并在此基础上发展出“海鹞”和“鹞 II”。

英国宇航公司与瑞典萨伯公司合资组成萨伯·英宇航鹰狮公司，研发了"鹰狮"战斗机。

英国宇航系统公司

1999 年成立的英国宇航系统公司是第二次世界大战后，英国各军用和民用飞机制造公司多次合并重组后成立的，目前是英国最大的航空航天器生产商。美国宇航系统公司历史上生产过许多著名的飞机。

诺斯罗普·格鲁曼

1994 年，美国诺斯罗普公司和格鲁曼公司合并成诺斯罗普·格鲁曼公司。诺斯罗普·格鲁曼公司研发了许多著名的军用飞机。

如F-14"雄猫"战斗机、F-18"大黄蜂"战斗机、B-2隐形轰炸机、E-2C"鹰眼"预警机、A-6"入侵者"攻击机、EA-6B"徘徊者"雷达干扰机和RQ-4A"全球鹰"无人机，以及X-29试验飞行器等。

俄罗斯航空航天企业

苏联曾创造了辉煌的航空航天工业体系。随着苏联解体，这些企业严重削弱。直到2006年，俄罗斯重新整合航空航天工业，成立了联合飞机制造集团公司，将米格飞机制造公司、苏霍伊航空集团公司、图波列夫公司等公司纳入其中。米格飞机制造公司名称源于苏联时期它的两位设计师“米高扬”和“格列维奇”，主要研发制造著名的米格系列飞机，如米格-29“支点”战斗机。

苏霍伊航空集团公司以其前身苏霍伊设计局的创始人命名，主要研发制造苏式系列飞机，如苏-27、苏-37、苏-47、苏-57等。图波列夫公司前身是安德烈·图波列夫建立的“第156号实验设计局”，主要研发制造著名的“图”系列飞机。

2015年合并重组的俄罗斯航天国家集团公司主要研发生产卫星、宇宙飞船、火箭和导弹等。

长征系列火箭

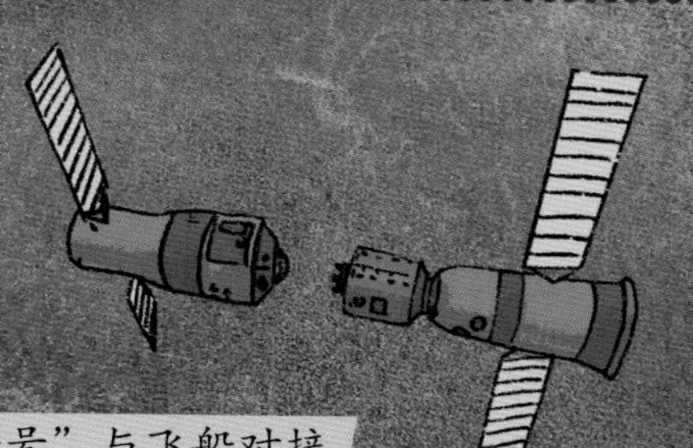
“天宫一号”与飞船对接

1999 年成立了中国航天机电集团公司，2001 年更名为中国航天科工集团，主要研发火箭、导弹、无人机、空天往返飞行器等。

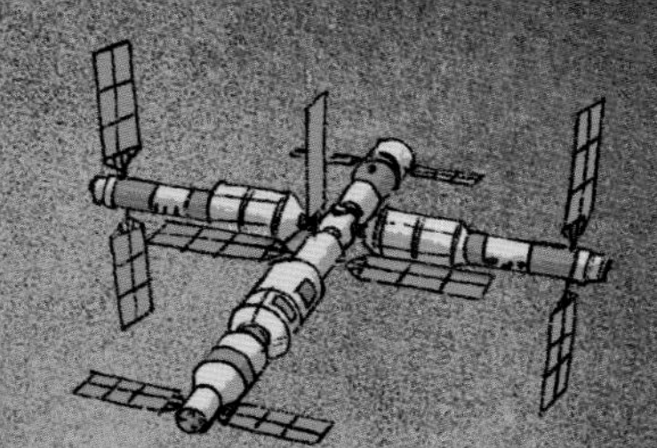
中国空间站想象图

SpaceX 等新兴公司

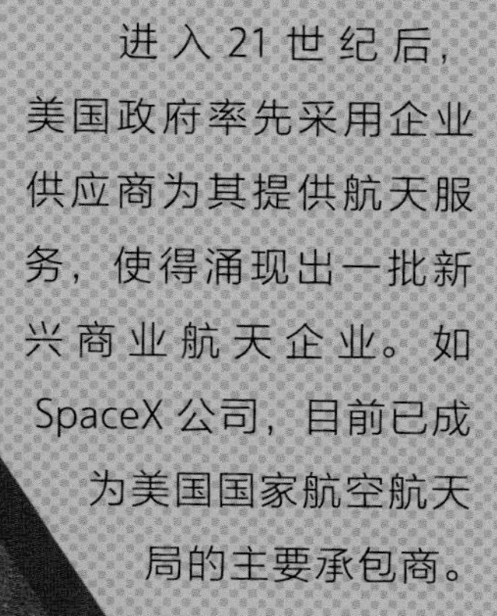
RLV-T5 可回收火箭

进入 21 世纪后，美国政府率先采用企业供应商为其提供航天服务，使得涌现出一批新兴商业航天企业。如 SpaceX 公司，目前已成为美国国家航空航天局的主要承包商。

OS-M 火箭

“双曲线一号遥一”火箭

中国大型航空航天集团公司

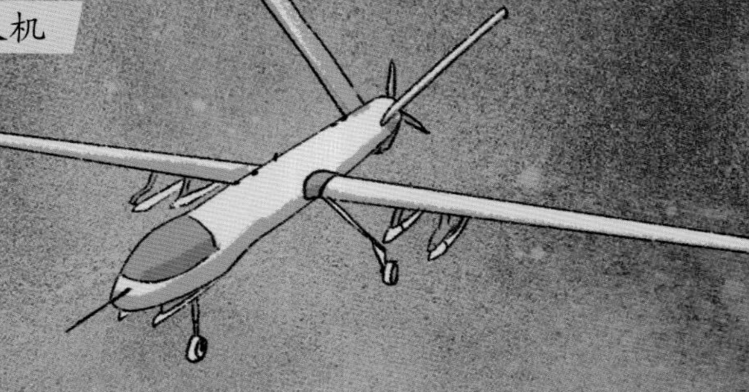
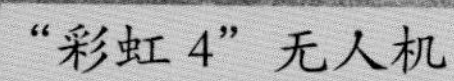
“彩虹 4”无人机

歼 -20

中国航空工业集团有限公司是 2008 年由航空工业第一、第二集团公司重组整合而成的，主要研发生产各类军用固定翼飞机、直升机、无人机、导弹和民用飞机等。

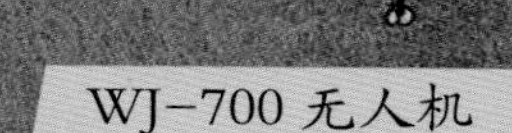
WJ-700 无人机

“快舟”运载火箭

“红旗 9”导弹

武直 10

中国研发制造先进飞行器的大型集团公司主要包括中国航天科技集团、中国航天科工集团和中国航空工业集团等。其中，中国航天科技集团成立于 1999 年，主要研发火箭、导弹、卫星、空间站、无人机、空天往返飞行器等。

“格洛纳斯”卫星

航空航天史上的先驱们

飞行器是人类历史上最伟大的发明之一。飞行不但加速了人类社会的发展，同时也改变了人类的生活方式。那些翱翔天宇，承载着飞翔梦想的超级飞行器自出现至今都是最前沿、最先进科技的代名词。而这一切离不开那些伟大的科学先驱们。正是他们的聪明才智和不懈努力，才将人类送上了天空。

莱特兄弟

莱特兄弟是世界公认的飞机发明者。尽管在他们之前有许多滑翔飞行器等方面的研究，但是他们发明了自重比空气重、依靠自身动力受控制持续飞行的世界首架飞机“飞行者一号”。

莱特兄弟自学了制造飞机所需的航空理论，并将其付诸实践。1899年，他们在自行车修理店里制造了一台飞机发动机。此后，他们吸取经验并不断试验和改进。1903年12月17日，“飞行者一号”载着弟弟飞行了12秒，36.5米。莱特兄弟的成功彻底唤醒了人类对航空器研发的热情，真正将人类带入飞行时代。

齐奥尔科夫斯基

“地球是人类的摇篮，但人类决不会永远躺在摇篮里，首先他们将小心翼翼地穿出大气层，然后去征服整个太阳系。”这是齐奥尔科夫斯基对人类的预言，而这早已成为现实。

齐奥尔科夫斯基是苏联科学家，现代航天学和火箭理论的奠基人，被称为“航天之父”。他最先论证了利用火箭进行星际交通、制造人造地球卫星和近地轨道站的可能性和技术途径。此外，他还设计了苏联第一个风洞，最早提出硬式飞艇设想，设计了空间站、提出为空间殖民地提供食物和氧气的闭合循环生物系统等。

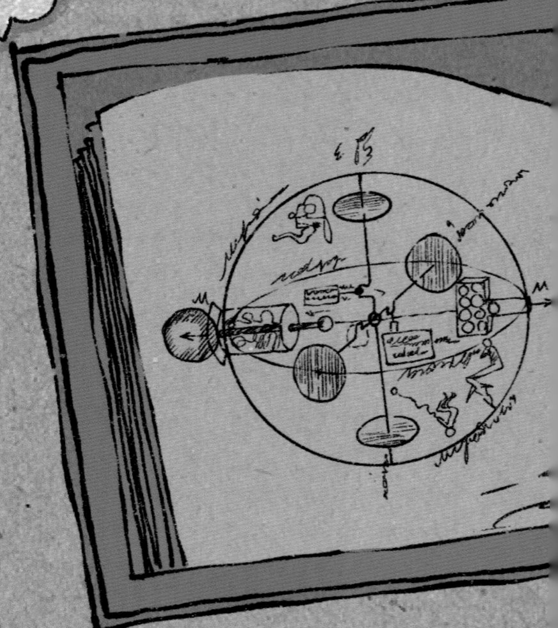

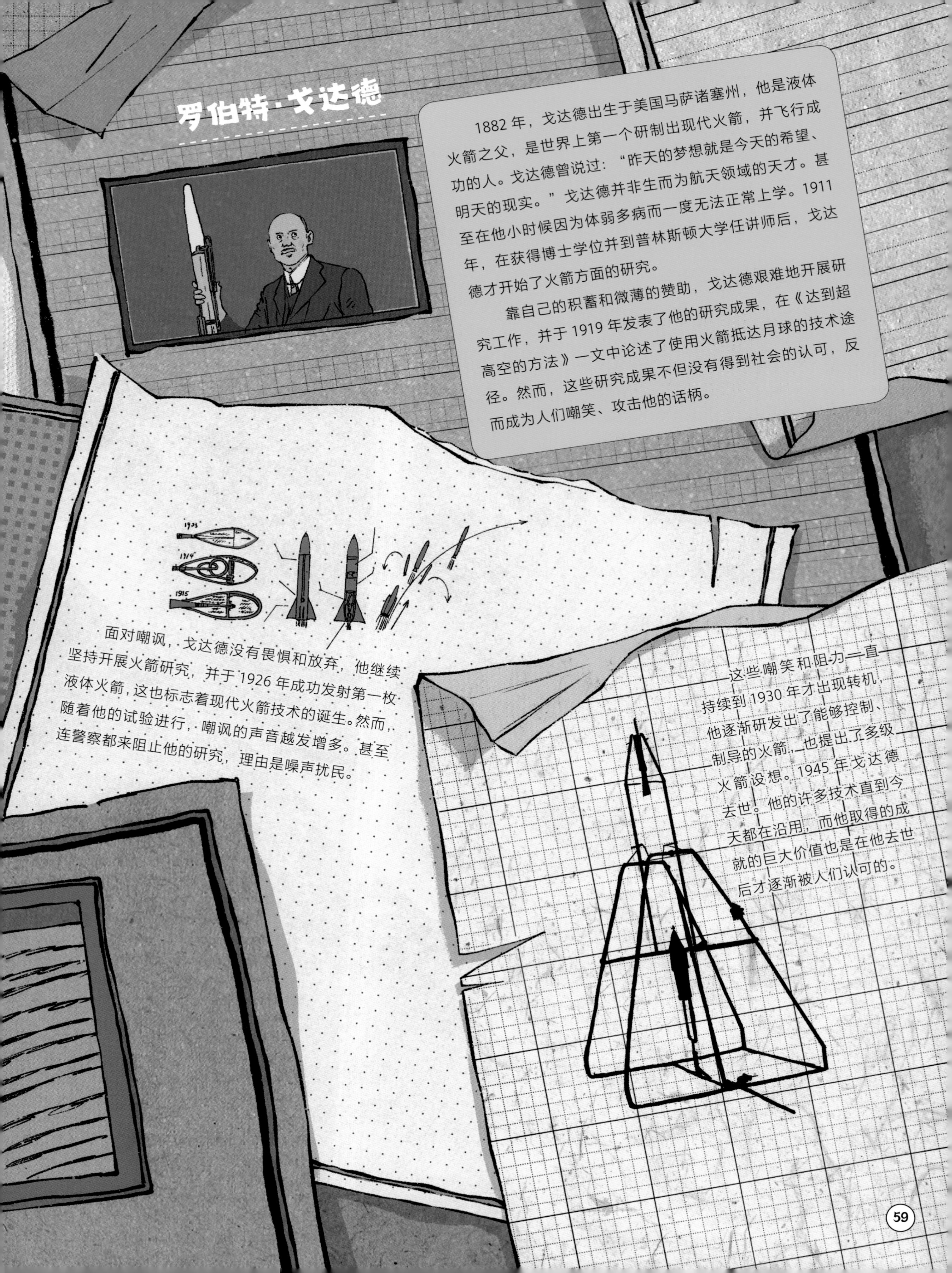

罗伯特·戈达德

1882 年，戈达德出生于美国马萨诸塞州，他是液体火箭之父，是世界上第一个研制出现代火箭，并飞行成功的人。戈达德曾说过：“昨天的梦想就是今天的希望、明天的现实。”戈达德并非生而为航天领域的天才。甚至在他小时候因为体弱多病而一度无法正常上学。1911 年，在获得博士学位并到普林斯顿大学任讲师后，戈达德才开始了火箭方面的研究。

靠自己的积蓄和微薄的赞助，戈达德艰难地开展研究工作，并于 1919 年发表了他的研究成果，在《达到超高空的方法》一文中论述了使用火箭抵达月球的技术途径。然而，这些研究成果不但没有得到社会的认可，反而成为人们嘲笑、攻击他的话柄。

面对嘲讽，戈达德没有畏惧和放弃，他继续坚持开展火箭研究，并于 1926 年成功发射第一枚液体火箭，这也标志着现代火箭技术的诞生。然而，随着他的试验进行，嘲讽的声音越发增多。甚至连警察都来阻止他的研究，理由是噪声扰民。

这些嘲笑和阻力一直持续到 1930 年才出现转机，他逐渐研发出了能够控制、制导的火箭，也提出了多级火箭设想。1945 年戈达德去世。他的许多技术直到今天都在沿用，而他取得的成就的巨大价值也是在他去世后才逐渐被人们认可的。

赫尔曼·奥伯特

1894 年 6 月 25 日，赫尔曼·奥伯特出生于奥匈帝国，1940 年加入德国国籍。1913 年，奥伯特到德国慕尼黑大学进行医学学习，尽管如此，他本人却热衷于航天基础理论研究。第一次世界大战爆发后他被征召入伍。

战争结束后，赫尔曼·奥伯特先后到德国慕尼黑大学、哥廷根大学和海德堡大学学习。1923 年，赫尔曼·奥伯特发表了著名的《飞往星际空间的火箭》，用数学阐明了火箭如何获得脱离地球引力的速度。

此后，经过不断地修改充实，论文更名为《通向航天之路》。

创立空间火箭点火理论公式，系统介绍了宇宙飞船及发射飞行原理。这些理论奠定了人类航天技术的理论基础。尽管在第二次世界大战时奥伯特加入德军武器研究工作，并于战后被美军俘获，但这并未影响他在航天技术发展史上的地位。

韦纳·马格努斯·马克西米利安·冯·布劳恩，1912年出生于德国，是航天技术先驱之一。第二次世界大战期间，他帮德军研发了德国V-2火箭。

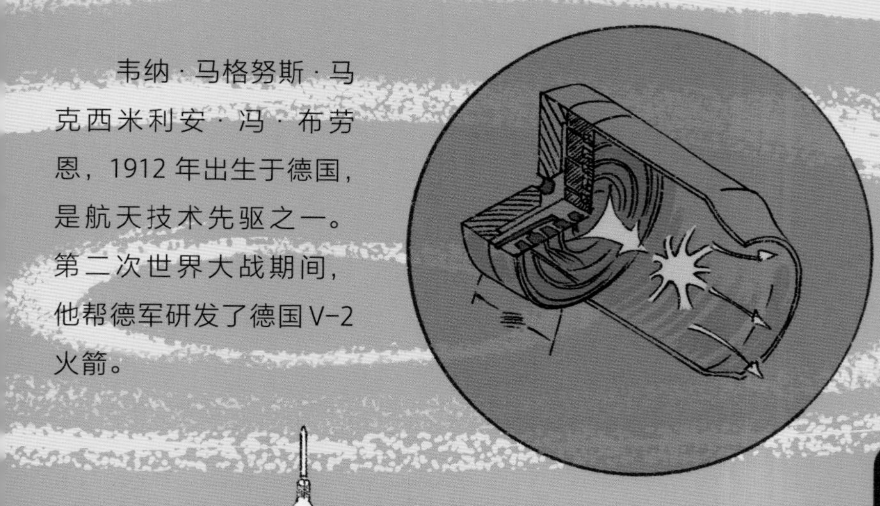

战后，担任美国国家航空航天局空间项目主设计师，设计了“阿波罗4号”飞船和“土星5号”运载火箭，使人类在1969年成功登上月球。冯·布劳恩出生于德国一个贵族家庭，童年贪玩的他学习成绩并不好，受到母亲的影响，对天文、火箭着迷。直到16岁，他读到赫尔曼·奥伯特的《通向航天之路》，开始对火箭及航天充满憧憬。由于数学、物理不好，冯·布劳恩根本看不懂奥伯特书中的公式、符号。为了看懂这些内容，他开始努力学习，成绩突飞猛进，成为学习成绩最优异的学生。

此后，他考入柏林工业大学，如愿以偿地成了赫尔曼·奥伯特的学生。冯·布劳恩从本科一直读到博士，深入钻研火箭技术。当时，德国军方宣布禁止民间研究火箭技术，但同时邀请奥伯特和冯·布劳恩为军方研究火箭。布劳恩主持了V-2火箭的研究，火箭于1942年发射成功。在帮助美国成功登月后，冯·布劳恩提出了登陆火星的设想，但没有得到美国政府的支持。尽管冯·布劳恩先帮助纳粹研制火箭又主动转投美国的行为使他存在争议，但他在推动航天技术发展方面却是无可厚非的先驱者。

冯如

冯如，原名冯九如，字鼎三，1883 年生于广东恩平，是中国第一位飞机设计制造师，被誉为“中国航空之父”。冯如出生在清朝末年一个贫农家庭。迫于生计，12 岁时冯如漂洋过海到美国谋生。抵达美国后的冯如被美国先进的工业震撼。

他意识到想要改变中国积贫积弱的现状，必须有强大的工业基础。

经过数年努力，他精通了许多机械原理。此时，莱特兄弟发明了飞机，引起了冯如的极大兴趣。

1905 年，日俄在美国调停下签订瓜分中国东北地区的《朴次茅斯和约》。这极大地刺激了冯如，使其决心走上航空救国之路。他变卖家产，并四处筹集资金。1907 年冯如开办了广东制造机器厂用以研制飞机。经过多次尝试，1909 年冯如在美国研制出了飞机并试飞成功。1911 年 10 月，辛亥革命爆发，冯如加入革命军，建立起广东飞行器公司，并于 1912 年 3 月制造出中国本土第一架飞机。然而，在 8 月的飞行表演中，冯如不幸牺牲，年仅 29 岁。

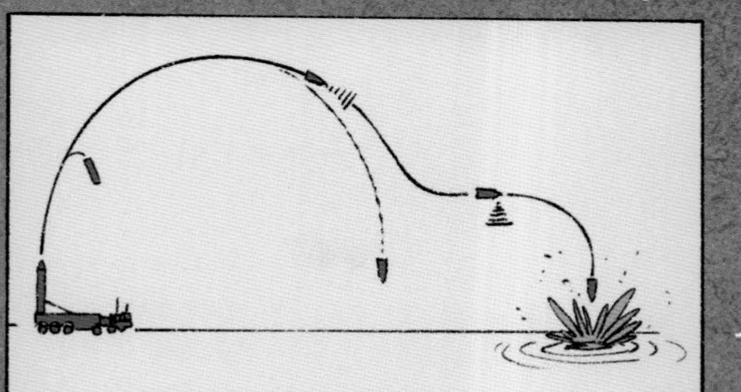

钱学森

钱学森1911年生于上海。他是航空航天领域最杰出的人物之一，是众多学科领域的科学巨星，是对新中国成长影响最大、功勋最为卓著的伟大的人民科学家。

钱学森1934年从国立交通大学（现上海交通大学）机械工程系毕业，次年公派到美国麻省理工学院航空系学习，翌年获硕士学位。后转入加州理工学院航空系学习。1939年获美国加州理工学院航空、数学博士学位，曾任加州理工学院副教授，麻省理工学院教授，加州理工学院喷气推进中心主任、教授。

1939年，钱学森与其导师、著名空气动力学家冯·卡门合作研究出"冯·卡门－钱近似"方程，解决了亚声速状态下机翼压力分布和临界马赫数值估算问题。40年代末，钱学森提出了著名的"钱学森弹道"。

1949年，当新中国宣告诞生的消息传到美国后，钱学森和夫人蒋英便商量着早日赶回祖国。然而，美国当局设置重重阻挠，甚至监禁了钱学森。在国家的不懈努力下，1955年钱学森及家人冲破重重阻力，返回祖国。回国后，在他的主导下，中国成功研制出"两弹一星"，并使中国航空航天工业向前推进了至少20年。除航空航天领域，钱学森在控制、系统工程、思维科学、地理学、人体科学、建筑学等领域都有所建树。

钱学森的一生不但彰显了一位伟大科学家的品格，更作为民族的脊梁，向世界展示了中国人的风范。

如何成为航空航天工程师

超级飞行器再厉害，终究需要精通航空航天专业技术的工程师才能制造出来。那么，如何成为航空航天方面的工程师乃至科学家呢？在技术越来越先进的今天，科学技术已经细分为很多方向和领域。

这些领域需要许多学科知识的综合以及一些相关技能的系统培训。一般来说，首先就是要具备良好的基础知识，包括数学、物理、化学等，然后进入大学进行相应的系统学习。当然，学习一些航模等课外知识也是大有裨益的。

总体来说，由于今天航空航天领域技术发展已远远超越过去，许多飞行器的研究、试验无法单纯靠人力实现，必须借助计算机和复杂的仪器设备。因此，想要成为航空航天领域工程师乃至科学家，往往需要系统学习。

考入一所开设相关专业的高等院校是最为快捷的途径。通常来说，本科阶段一般首先学习基础知识、航空航天方向基本的专业知识和技能。

首先需要具备良好的数学、物理、计算机、电工电子等基础知识，在此基础上再根据不同专业深入学习不同领域的专业课程。由于本科掌握的专业知识相对有限，想要真正成为能够研发设计飞行器的工程师，最好在该领域继续深入学习更为专精的知识，即进入攻读硕士、博士阶段。

和航空航天相关的学科门类很多，仅和飞行器设计与制造相关的专业就包括：

- 航空航天工程
- 飞行器设计与工程
- 飞行器制造工程
- 飞行器动力工程
- 飞行器环境与生命保障工程
- 质量与可靠性工程
- 航空器适航技术等

此外还有：

- 遥感科学与技术
- 武器发射工程
- 武器系统与工程
- 导航工程
- 电气工程及其自动化
- 计算机、材料等相关专业

航空航天领域的著名高校

航空航天领域可谓“老牌”优势专业。由于它技术的前沿性、战略性，以及就业领域在国民经济、工业体系和国防安全等方面的重要地位，长期以来就是各国教育投入的重点，也是最为难考的专业之一。由于近年来受各国政策的影响，互联网上公开的学术水平排名、学生就业状况等统计数据变化较大，因此本文不对高校做排名，仅介绍国内较为著名的几所学校的概况。

北京航空航天大学

北京航空航天大学创建于 1952 年，由当时的清华大学、北洋大学、厦门大学、四川大学等八所院校的航空系合并组建，1988 年 4 月改名为北京航空航天大学。是工信部直属的世界一流大学，“985 工程”、“211 工程”重点建设高校。下设多个学院专业都与航空航天领域密不可分。

本科可报考专业：航空航天工程、飞行器设计与工程、飞行器制造工程、飞行器动力工程、飞行器环境与生命保障工程、飞行器质量与可靠性、探测制导与控制技术（航天工程）、飞行器控制与信息工程、飞行器适航技术、无人驾驶航空器系统工程、飞行技术等，涉及国际通用工程学院、能源与动力工程学院、航空科学与工程学院、机械工程及自动化学院、交通科学与工程学院、可靠性与系统工程学院、宇航学院、飞行学院等。

此外，北航还开展了“全球合作推进工程”“远航计划”等，与多个国家和地区著名高校的学生交换和学位互授、联授。目前已与国外近 200 所著名高等院校、研究机构和跨国公司建立了长期稳定的合作关系。该校学生可通过多个项目与国外航空航天领域高校、研究机构和企业进行交流。大部分本科毕业生可进入研究生继续深造。同时，该领域毕业生基本进入中国航空航天领域国有企业、科研院所、民航公司等工作。

哈尔滨工业大学

1920 年，哈尔滨中俄工业学校成立，当时设有铁路建设和电气机械工程两个专业。1938 年改名国立哈尔滨工业大学。是首批世界一流大学，“985 工程”、“211 工程”高校。

下设航天学院、机电工程学院、能源科学与工程学院、电气工程及自动化学院等，开设飞行器设计与工程、飞行器环境与生命保障工程、空间科学与技术、飞行器制造工程、飞行器动力工程、测控技术与仪器等与航空航天领域相关的专业。

哈尔滨工业大学已和 45 个国家和地区的 435 所高校建立了合作关系。其中，与美国卡内基 - 梅隆大学、伊利诺伊大学香槟分校、加州大学欧文分校、罗格斯大学等高校建立了联合培养项目；与德国亚琛工业大学、慕尼黑工业大学、瑞典皇家理工学院、法国里昂应用科学学院、爱尔兰都柏林国立大学、丹麦工业大学、西班牙马德里理工大学、意大利米兰理工大学等 22 所欧盟高校签署了学生、教师互换协议。哈工大毕业生就业率十分高。

北京理工大学

北京理工大学 1940 年诞生于延安，是中国共产党创办的第一所理工科大学，首批进入国家“211 工程”和“985 工程”，首批进入“世界一流大学”建设高校 A 类行列。毛泽东同志亲笔题写校名。北理工曾创造了新中国科技史上多个“第一”：第一台电视发射接收装置、第一枚二级固体高空探测火箭、第一部低空测高雷达、第一台 20 公里远程照相机等，在空间态势感知、卫星有效载荷、空间通信、火箭发动机和推进剂等国家安全和发展重大科技领域代表了国家水平，具有明显特色优势。近年来，北理工大力发展航空航天，现有航空航天领域院士 8 人；“十三五”以来牵头获得的国家科学技术奖中，与航空航天领域 5 项；在神舟十二号载人飞船与天和核心舱空间交会对接等重大任务中，学校研发的多项技术均有优异表现；以航空宇航科学技术、信息与通信工程、电子科学与技术、力学、材料科学与工程等一流学科为基础，学校为祖国航空航天事业培养了大批优秀毕业生，成为中国航天科技集团、中国航天科工集团等企业的主要生源地。

国防科技大学

中国人民解放军国防科技大学是首批“211 工程”高校，是唯一一所“985”、“双一流”军校。设置空间科学与技术、飞行器设计与工程、导航工程、导弹工程等航空航天领域相关专业。

学校下设空天科学学院，主要培养航空航天领域技术人才，其本科阶段招收有军籍和无军籍两类生源。前者录取后办理入伍手续，毕业后分配到军内单位享受军官待遇。后者不入伍，和地方高校毕业生一样。

尽管国防科技大学是所军校，但和地方一流高校一样，也十分注重国际学术交流合作。国防科技大学已与世界上 40 余个国家的 100 余所高校建立了友好交往关系，与韩国、美国、英国、法国等国家和地区的 20 余所知名高校签订了校际合作协议。即便是入伍的军籍学生也能到国外高校留学。国防科技大学也拥有像邓小刚、王振国等航空航天领域重量级院士担纲该领域技术研发与教学。

西北工业大学

1952 年交通大学、浙江大学、南京大学的航空工程系在南京组建华东航空学院，1956 年迁至西安，更名为西安航空学院。1957 年，西安航空学院和西北工学院合并成立西北工业大学，此后，原中国人民解放军军事工程学院空军工程系整体并入西北工业大学。西北工业大学目前是“世界一流大学建设高校 A 类”、“985 工程”、“211 工程”的全国重点大学。目前下设与航空航天领域相关学院包括航空学院、航天学院、材料学院、机电学院、动力与能源学院、自动化学院等，包括飞行器设计与工程、飞行器制造工程、飞行器动力工程、人机与环境工程、航空发动机学等专业。目前，西北工业大学已与亚洲、欧洲、美洲的 20 多个国家和地区的百余所高等院校、企业和科研院所建立了合作关系，该校学生可通过校内项目到其他世界名校交流学习。该领域毕业生大比例选择出国和在国内该领域继续深造，其他毕业生大多进入该领域国企。

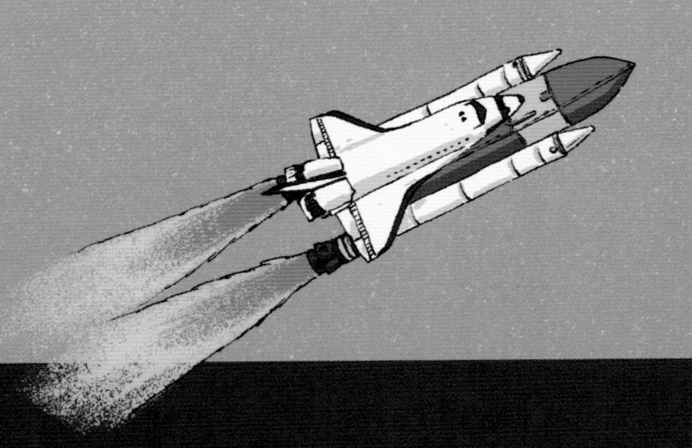

图书在版编目（CIP）数据

航空航天：太空飞行仅仅是梦想吗？ / 梁熠编著；九山DADA绘. -- 北京：电子工业出版社, 2022.11
（新科技，向前冲！）
ISBN 978-7-121-44457-9

Ⅰ. ①航… Ⅱ. ①梁… ②九… Ⅲ. ①航天器－少儿读物 Ⅳ. ①V47-49

中国版本图书馆CIP数据核字(2022)第202420号

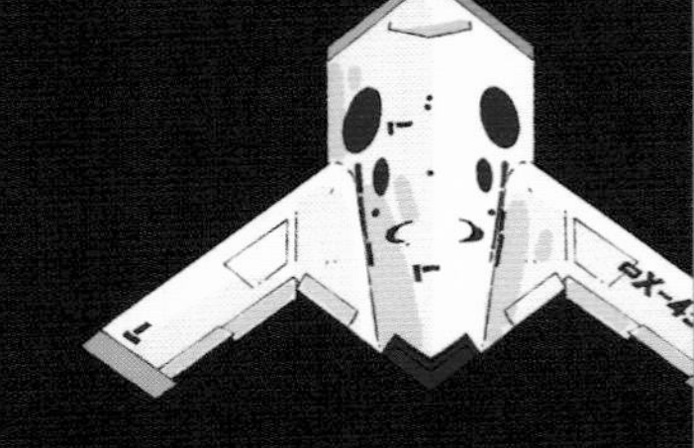

责任编辑：季　萌　　文字编辑：邢泽霖
印　　刷：北京盛通印刷股份有限公司
装　　订：北京盛通印刷股份有限公司
出版发行：电子工业出版社
　　　　　北京市海淀区万寿路173信箱　邮编：100036
开　　本：889×1194　1/8　印张：27.5　字数：267千字
版　　次：2022年11月第1版
印　　次：2022年11月第1次印刷
定　　价：240.00元（全3册）

凡所购买电子工业出版社图书有缺损问题，请向购买书店调换。若书店售缺，请与本社发行部联系，联系及邮购电话：（010）88254888，88258888。

质量投诉请发邮件至zlts@phei.com.cn，盗版侵权举报请发邮件至dbqq@phei.com.cn。

本书咨询联系方式：（010）88254161转1860，jimeng@phei.com.cn。